Die Macht der Ausdrucksweise im Beruf

Wie Sie mit 4 Gesetzen der Kommunikation die Ausdrucksweise verbessern und den Wortschatz erweitern - Für sicheres und überzeugendes Auftreten

Johannes Haas

Inhaltsverzeichnis

Einleitung

Egal, ob Führungskraft, Vertriebsmitarbeiter, Buchhalter, IT-Mitarbeiterin oder HR-Expertin, wer Stellenausschreibungen liest, wird feststellen, dass die Kommunikationsfähigkeit immer ganz oben auf der Liste der von Arbeitgebern gewünschten Soft Skills steht. Das hat gute Gründe, denn quer durch sämtliche Branchen und Abteilungen gilt: Wer effektiv kommuniziert und sich klar ausdrücken kann, wird verstanden und gehört. Dabei geht es nicht nur um das, WAS wir sagen, sondern auch darum, WIE wir es sagen. Ausdrucksweise und Kommunikation in ihrer verbalen und nonverbalen Ausprägung sind untrennbar miteinander verwoben, bestimmen, wie wir in unserer beruflichen Rolle wahrgenommen werden und beeinflussen unsere Karrierechancen maßgeblich.

Im Berufsleben sind wir gefordert, mit zahlreichen Menschen wie Vorgesetzten, Kolleginnen, Kundinnen oder Mitarbeitern in unterschiedlichen Situationen zu kommunizieren. Effektive Kommunikation ist das Herzstück jeder Firma und als solche unerlässlich für den persönlichen Erfolg wie auch den Unternehmenserfolg. Genügend Studien belegen die negativen Folgen mangelnder Teamkommunikation auf Ergebnisse, Fehlerquoten oder das zwischenmenschliche Miteinander. Eine positive Kommunikationskultur hingegen verbessert Teamwork, Produktivität und Innovation. Sie schafft, dass Mitarbeiter sich mit Zielen identifizieren und mit vereinten Kräften in die gleiche Richtung rudern und erhöht Loyalität sowie Engagement. Es ist daher wenig verwunderlich, dass sich Unternehmen bei Führungskräften wie Mitarbeitern eine kultivierte Ausdrucksweise und hohe Kommunikationsfähigkeiten wünschen.

Zahlreiche Missverständnisse und Konflikte fußen auf unpassender Ausdrucksweise und missglückter nonverbaler Kommunikation. Als soziale Wesen sind wir auf die Interaktion und das Miteinander mit anderen Menschen und damit auf funktionierende Verständigung angewiesen. Jeder hat schon mal das Gefühl gehabt, vom Gegenüber nicht verstanden zu werden oder in einem Gespräch nicht das erreicht, was er wollte. Wer hat sich noch nicht geärgert, wenn er brüskiert wurde und ihm zwei Stunden später eine schlagfertige Antwort eingefallen ist? Wenn Sie die vier grundlegenden Gesetze, die in diesem Ratgeber vorgestellt werden, beherzigen und beherrschen, wird es Ihnen gelingen, Kollegen, Chefinnen, Geschäftspartnerinnen und Kunden besser zu überzeugen und zu begeistern, lösungsorientierter mit Konflikten umzugehen und klare Grenzen zu setzen. Damit wirken Sie auch kompetenter und souveräner.

Wie wirke ich? Wie überzeuge ich Vorgesetzte, Kollegen oder Kunden besser? Was kann ich tun, um besser verstanden zu werden? Wie gehe ich souverän mit Konflikten um? Diese und andere Fragen beschäftigen uns beim Thema Kommunikation. Dieser Praxis-Ratgeber verrät wertvolle Tipps, wie Sie Ihr Auftreten und Ihre Ausdrucksweise im Berufsalltag optimieren können. Er behandelt die vielfältigen Aspekte wie Stimmlage, Körpersprache oder Gestik, die neben dem gesprochenen Wort Einfluss auf das Gelingen unserer Kommunikation haben.

Der erste Teil befasst sich mit der nonverbalen Kommunikation und unterstützt Sie dabei, authentischer, glaubwürdiger und überzeugender zu wirken und andere besser lesen zu können. Danach beschäftigen wir uns mit der Macht einer positiven Ausdrucksweise und der psychologischen Wirkung von Sprache sowie der Zielgerichtetheit und Überzeugungswirkung unserer Kommunikation. Der letzte Teil widmet sich den sozialen Aspekten einer gelungenen Kommunikation und soll Ihnen helfen, mit Konflikten besser umzugehen sowie schlagfertiger zu werden. Wenn Sie diese vier Gesetze beherzigen, überlassen Sie die Wirkung Ihrer verbalen und nonverbalen Kommunikation nicht mehr dem Zufall, sondern nehmen diese selbstbestimmt und bewusst in die Hand.

Die vier Gesetze für eine gelungene Ausdrucksweise

Kommunikationssituationen sind komplex. Das gesprochene Wort hat Macht, daneben entscheiden aber auch weitere Faktoren wie die Stimme, die Art zu sprechen, die Körpersprache, die Beziehung der Gesprächspartner usw. über die Wirkung unserer Kommunikation. Wenn diese gelingen soll und wir unsere Ausdrucksfähigkeiten erweitern wollen, stellen die nachfolgenden vier Gesetze einen hilfreichen Wegweiser dar. Auch wenn es praktisch unendlich viele Ansätze zur Verbesserung der Ausdrucksweise im beruflichen Umfeld gibt, haben wir uns bewusst auf diese vier grundlegenden Säulen konzentriert, weil sie besonders effektiv sind und für Managerinnen, Verkäuferinnen, Coaches, Mitarbeiter – sprich für alle, die im beruflichen Alltag kommunizieren – Gültigkeit haben.

Erstes Gesetz

Auf nonverbale Kommunikation achten

Beschäftigt man sich mit Kommunikation, kommt man an Paul Watzlawick nicht vorbei. Der Psychotherapeut unterscheidet beim Thema Kommunikation zwischen einer Inhalts- und einer Beziehungsebene. Während der Inhalt vorwiegend über Worte transportiert wird, wird die Beziehung hauptsächlich über die Körpersprache definiert. Berühmt wurde Watzlawick durch folgendes Zitat:

> *„Man kann nicht nicht kommunizieren, denn jede Kommunikation (nicht nur mit Worten) ist Verhalten und genauso wie man sich nicht nicht verhalten kann, kann man nicht nicht kommunizieren"* (Watzlawick, 2011).

Um dieses Axiom zu verdeutlichen, stellen wir uns vor, dass wir uns in einem Bürogebäude im Lift auf den Weg in den siebten Stock befinden. Im zweiten Stock steigt ein Kollege zu, den wir persönlich nicht näher kennen. Er betritt den Lift, nickt knapp, hält den Blick dann auf den Boden gerichtet und stellt sich dann so hin, dass er uns den Rücken zuwendet. Obwohl kein Wort gefallen ist, wurde hier sehr klar nonverbal kommuniziert: „Sprich mich nicht an. Ich will nicht reden." Wir nehmen diese nonverbalen Signale sehr wohl wahr und reagieren auf diese.

Interessant wird es, wenn Worte und Körpersprache unterschiedliches ausdrücken. Stellen wir uns vor, eine Kollegin sagt uns mit einem strahlenden Lächeln im Gesicht, dass es ihr schlecht geht. Welchem Faktor werden wir glauben, den körpersprachlichen Signalen oder dem Inhalt? Derartige Inkongruenzen zwischen verbalen und nonverbalen Botschaften sorgen für Irritation. Nur wenn Inhalt, Körpersprache und Stimme übereinstimmen, wirken wir glaubwürdig und überzeugend. Unsere Überzeugungskraft ist einer der wichtigsten Faktoren für unseren beruflichen Erfolg. Sehen wir uns die bestimmenden Faktoren der nonverbalen Kommunikation etwas genauer an.

1.1 Die Macht der Stimme

Die Stimme ist ein wesentlicher Schlüsselreiz in der Kommunikation. Stimme macht Stimmung, denn sie überträgt nicht nur die verbalen Botschaften, sondern auch die Stimmung der sprechenden Person. Stimme ist Klang und Menschen mit einer starken, persönlichen Stimme finden Anklang.

Eine satte, tiefe Stimme wirkt nicht nur anziehend und souverän, sondern hat auch Auswirkung auf den beruflichen Erfolg. Unsere Stimme wirkt wie eine Visitenkarte und vermittelt einen ersten Eindruck von unserer Persönlichkeit. Sprechen wir zu hoch oder tief, zu sachlich, zu leise, zu undeutlich oder zu schnell, sabotiert das die besten Inhalte. Schon Quintilian, ein bedeutender Redner und Rhetoriklehrer der Antike wusste: „*Wer das Ohr beleidigt, dringt nicht zur Seele vor.*" Es lohnt sich also, unserer Stimme etwas Aufmerksamkeit zu schenken und sie bewusst einzusetzen, um unseren Botschaften mehr Eindringlichkeit zu verleihen.

Vorab stellt sich die Frage, was Sie mit Ihrer Stimme erreichen wollen. Geht es darum, Anwesende rasch darüber zu informieren, dass ein Feuer ausgebrochen ist, wird ein lauter, schriller Ton angebracht sein. Halten Sie eine Rede und möchten Ihre Zuhörer fesseln und verhindern, dass diese einschlafen, ist abwechslungsreiche, gezielte Modulation gefragt. Eine ruhige, monotone Stimme wird zwar als angenehm empfunden und kann deeskalierend wirken, ist aber wenig hilfreich, wenn es darum geht, die Aufmerksamkeit von Zuhörern über längere Zeit zu halten. Wenn Sie in einem Meeting einen Beitrag leisten möchten, während einige Teilnehmer laut durcheinanderreden, werden Sie vermutlich scheitern, wenn Sie sich mit leiser, unsicherer Stimme Gehör verschaffen wollen.

Sie sehen schon, Ihre Stimme ist ein wirkungsvolles Instrument, dessen Einsatz überlegt und gezielt erfolgen soll. Dazu ist es hilfreich, sich einige grundlegende Fakten über Stimmwirkung vor Augen zu führen:

Wenn Sie Ihrer Aussage Nachdruck verleihen wollen, ist es wichtig, dass Sie einen bewussten Punkt sprechen, also eine Pause machen und Ihre Stimme am Ende des Satzes absenken. Besonders für Frauen ist zu beachten, dass sie die Stimme am Satzende nicht stets nach oben führen, da diese sonst leicht in eine Kopfstimme kippt, die als dünn, piepsig oder übertrieben emotional wahrgenommen wird. Gezielt eingesetzt signalisiert eine am Ende des Satzes nach oben geführte Stimme aber je nach Kontext auch eine freundliche, einladende Frage („Wie kann ich Ihnen helfen?") oder dass Sie einen Gedanken noch nicht zu Ende geführt haben, was bei einer Präsentation eingesetzt, durchaus Spannung erzeugen kann („Wir nehmen die Wirkung unserer Marketingkampagnen als gegeben an ...").

Um einen Vortrag oder eine Präsentation interessant zu gestalten, sollten Sie Ihre Stimme modulieren. Ausgehend von einer ruhigen und souverän wirkenden Grundstimmung können Sie durch ein geschicktes Spiel mit Höhen, Tiefen und Lautstärke Spannung erzeugen, Aufmerksamkeit generieren und dem Gesagten Nachdruck verleihen. Diese Modulation verleiht Ihrem Beitrag Lebendigkeit. Besonders wichtigen Punkten können Sie durch eine höhere Lautstärke mehr Gehör verschaffen, aber auch durch bewusstes, leiseres und langsameres Sprechen lassen sich Inhalte hervorheben. Probieren Sie es einfach aus.

Grundsätzlich wirken tiefere, sonorere Stimmen selbstsicherer, kompetenter und glaubwürdiger, während hohe und schrille Stimmen eher unangenehme Assoziationen hervorrufen. Wenn Sie nicht mit einer von Natur aus tieferen Stimme ausgestattet sind, sollten Sie diese aber keinesfalls zu erzwingen versuchen. Auf Dauer die Stimme zu verstellen ist nicht nur anstrengend, sondern wirkt auf Zuhörer auch unangenehm. In der natürlichen Indifferenzlage, in der wir mit geringem Aufwand einen vollen Klang erzeugen, klingt unsere Stimme angenehm. In diese Stimmlage verfallen Sie automatisch, wenn Sie jemandem zuhören und zwischendurch „Aha" oder „Mhm" sagen. Die beste Lösung für höhere oder weniger voll klingende Stimmen ist, Enthusiasmus in die Stimme zu legen. Dieser zaubert automatisch eine lebendige, abwechslungsreiche Stimmfärbung.

Atmung ist notwendig für die Klangerzeugung und beeinflusst unsere Stimme enorm. Unsere Stimmbänder im Kehlkopf werden durch kontrolliertes Ausatmen in Schwingung versetzt. Wenn Sie beim Reden vor Aufregung Probleme mit der Luft haben, überträgt sich Ihr Zustand auf das Publikum und es will ebenfalls nach Luft schnappen. Ein Großteil unserer Stimmprobleme lässt sich darauf zurückführen, dass unser Atem nicht frei fließen kann. Auslöser dafür sind Verkrampfungen aufgrund von Stress sowie ein durch zu knapp sitzende Kleidung oder eine schlechte Haltung eingeengtes Zwerchfell oder blockierter Bauchraum. Vor allem bei Nervosität sind Atemübungen zur Aktivierung der Bauch- und Zwerchfellatmung (siehe nachstehende Übung 3) hilfreich.

Übungen zum Thema Stimme

Übung 1: Stellen Sie sich vor den Spiegel und sagen Sie mit unterschiedlichen Stimmlagen und Betonungen: „Hallo, ich bin (Vorname), der/die Neue." Stellen Sie sich dabei auch unterschiedliche Personen wie Ihre Vorgesetzte, einen Kollegen oder Ihren Assistenten vor. Was beobachten Sie dabei? Welche unterschiedlichen Wirkungen nehmen Sie wahr?

Übung 2: Sprechen Sie den Satz: „Woher haben Sie diese Information?", in drei unterschiedlichen Stimmlagen und Betonungen. Versuchen Sie dabei einmal Interesse, einmal Skepsis und einmal Verärgerung über ein Informationsleck zum Ausdruck zu bringen.

Übung 3: Heben Sie die Hände beim Einatmen über den Kopf. Atmen Sie dann kräftig aus. Dabei schütteln Sie Ihre Arme mit energischen Bewegungen aus und sagen laut: „Ha! Ha! Ha!" – und zwar so lange, bis Ihnen die Luft ausgeht. Dann atmen Sie tief und ruhig ein, führen Ihre Hände wieder nach oben und wiederholen die Übung einige Male.

 **Good to know**

Die Macht der Betonung lässt sich gut an folgendem Satz veranschaulichen:	
WIR schätzen Sie.	Der Fokus liegt dabei darauf, wer Sie schätzt.
Wir SCHÄTZEN Sie.	Im Fokus steht, dass Sie geschätzt werden.
Wir schätzen SIE.	Im Fokus steht, dass genau Sie geschätzt werden.

1.2 Pausen und Sprechtempo geben den Takt vor

Richtig gesetzte Pausen machen es Ihren Adressaten nicht nur leichter, Ihnen zu folgen, gekonnt inszeniert können Pausen einen ebenso starken Effekt erzielen wie Worte oder Gesten. Kleinere Pausen in längeren Sätzen setzen Akzente und verdeutlichen den Zuhörern, welche Einheiten sinngemäß zusammengehören. Entsteht durch unpassendes Luftholen mitten im Satz eine kurze Pause, kann diese wie ein falsch gesetztes Satzzeichen wirken. Im schlimmsten Fall wird dadurch sogar die Bedeutung einer Aussage modifiziert.

Pausen eignen sich auch wunderbar, um Spannung aufzubauen oder wichtige Wörter zu betonen. Um ein Gefühl für die Wirkung von Pausen zu bekommen, sprechen Sie die folgenden Sätze einmal relativ schnell und ohne Pausen: „Die Lösung für unser Problem heißt Targeted Marketing. Damit können wir Streuverluste minimieren."

Nun akzentuieren Sie zum Vergleich wie folgt: „Die Lösung für unser Problem heißt [*kurze Pause*] Targeted Marketing [*längere Pause*]. Damit können wir Streuverluste minimieren."

Genau wie eine Handlung an ihrem Höhepunkt an Tempo zulegt, können Sie durch Variationen des Sprechtempos Spannung aufbauen. Eine ruhige, besonnene Sprechweise wird dabei geschickt mit kürzeren Sätzen und gesteigertem Sprechtempo kombiniert. Das nachstehende Beispiel soll das verdeutlichen:

[*Langsam und besonnen*]: „Am Anfang ist unser Projektteam vor einem Problem gestanden, das uns allen Kopfzerbrechen bereitet hat."

[*Etwas schneller*]: „Wir haben uns mehrmals zusammengesetzt."

[*Noch schneller*]: „Wir haben Ideen gesponnen, diskutiert und wieder verworfen."

[*Pause*]

[*Langsam und besonnen*]: „Und dann hatten wir endlich die zündende Idee."

Eine Faustregel in Sachen Sprechtempo ist der Grundsatz der Angemessenheit. Komplexe und komplizierte Sachverhalte sollten langsamer erklärt werden, einfache oder unterhaltsame Inhalte vertragen hingegen ein höheres Sprechtempo. Erfahrene Vortragende berücksichtigen auch die Stimmung des Publikums und passen Tempo, Lautstärke und Dynamik an diese an. Verhalten sich die Zuhörer eher ruhig und ernst, ist zu schnelles, lautes und dramatisches Sprechen eher nicht angebracht. Hingegen verträgt ein fröhlich gestimmtes und geräuschvolles Publikum durchaus eine höhere Lautstärke und ein schnelleres Sprechtempo.

Eine deutliche Artikulation sorgt für Verständlichkeit. Wer hingegen Silben verschluckt oder nuschelt, ist nicht nur schwer zu verstehen, sondern wirkt auch weniger souverän und kompetent. Ein entspannter Kiefer und ein ausreichend geöffneter Mund sind Voraussetzung für eine saubere Artikulation. Lockerungsübungen für Gesichtsmuskulatur und Zunge können Ihnen helfen, die Deutlichkeit Ihrer Aussprache zu erhöhen. Einige Sekunden lang Grimassen zu ziehen, entspannt die Gesichtsmuskeln, lässt unsere Mimik natürlicher wirken und macht den Unterkiefer beweglicher, wodurch sich unsere Artikulation verbessert. Vor allem vor längeren Wortbeiträgen empfiehlt es sich, die Zunge zu lockern, damit wir uns beim Sprechen nicht verheddern. Dazu drücken Sie einfach Ihre Wangen abwechselnd links und rechts mit der Zunge heraus. Anschließend beschreiben Sie mit der Zunge Kreise. Die Zunge bewegt sich dabei unter Ihren Lippen über die Vorderseite Ihrer Zähne.

 **Good to know**

Zu schnelles Sprechen bringt folgende Nachteile mit sich:
Sie wirken möglicherweise unsicher.
Die Gefahr besteht, dass Sie mehr Füllwörter benutzen.
Es ist wahrscheinlicher, dass Sie sich verhaspeln und undeutlich sprechen.
Sie erschweren Ihren Zuhörern die Informationsverarbeitung.

1.3 Körpersprache und Überzeugungswirkung

Wer beruflich weiterkommen möchte, muss in der Lage sein, nicht nur verbal, sondern auch auf nonverbaler Ebene effektiv zu kommunizieren. Wenn Sie Ihre Meinung, Vorschläge oder Kritikpunkte mit den passenden Gesten unterstreichen, wirken Sie kompetenter und überzeugender. Führungskräfte, die Körpersprache bewusst einsetzen, sind erfolgreicher dabei, Mitarbeiter zu motivieren und mitzureißen sowie in Gesprächen eine vertrauensvolle Atmosphäre zu schaffen. Mit einem Verständnis für die subtile Wirkungskombination von Haltung, Mimik und Gestik präsentieren Sie nicht nur sich selbst von Ihrer Schokoladenseite, sondern sind auch in der Lage, die nonverbalen Signale Ihres Gegenübers besser zu lesen und auf diese angemessen zu reagieren.

Stellen Sie sich folgende Situation vor:

Eine Kollegin aus der Marketingabteilung möchte die Geschäftsführung überzeugen, mehr Budget freizumachen, damit sie eine innovative und vielversprechende Marketingkampagne umsetzen kann. Mit kleinen Schritten trippelt sie zum Präsentationspult. Dort angekommen durchsucht sie ihre Unterlagen mit hektischen Bewegungen, bis sie endlich den Einstieg gefunden hat. Während ihrer Präsentation blickt sie entweder auf die Rückwand des Raumes oder dreht dem Publikum den Rücken zu und spricht zu den projizierten Folien. Nach Abschluss ihrer Präsentation nimmt sie in der Runde Platz. Mit eng am Körper liegenden Ellenbogen und übereinandergeschlagenen Beinen sitzt sie am vorderen Rand des Stuhles und bittet um Feedback. Ihr Vorschlag wird abgelehnt. Die Kollegin ist frustriert, denn ihre Idee ist gründlich recherchiert, hat Hand und Fuß und sie hat viel Arbeit und Hirnschmalz in die Ausarbeitung des Konzepts investiert, von dem sie überzeugt ist, dass es dem Unternehmen einen hohen Return on Investment bringen wird. Was ist hier schiefgelaufen?

Im Berufsleben geht es immer um Verkaufen. Das umfasst nicht nur Produkte und Dienstleistungen, sondern auch Ziele, Ideen oder die eigene Leistung. Fachkompetenz und Know-how sind natürlich wichtige Voraussetzungen für die erfolgreiche Selbstvermarktung, aber es ist auch entscheidend, wie überzeugend jemand seine Fähigkeiten oder Vorschläge anpreist. Visuelle Eindrücke spielen dabei eine maßgebliche Rolle. Wollen wir eine positive Wirkung erzielen, muss unser Auftritt beeindrucken.

Die auf einer Forschungsarbeit des Psychologen Albert Mehrabian basierende Aussage, dass Körpersprache 55 %,

Stimme 38 % und Inhalt nur 8 % unserer Überzeugungswirkung ausmachen, ist zwar eine Mähr – die Probanden
sprachen bei dieser Studie nur einzelne Wörter, keine voll-
ständigen Sätze – dennoch spielen nonverbale Kommuni-
kationsaspekte eine bedeutende Rolle. Im Jahr 2006 führte
das Institut für Demoskopie Allensbach ein ähnliches Experiment durch, bei dem Versuchspersonen ein und dersel-
be Text mit unterschiedlicher Betonung, Mimik und Gestik
präsentiert wurde. Das Ergebnis: 22 % der Überzeugungswirkung waren auf den Inhalt zurückzuführen, 59 % auf die
Körpersprache und 19 % auf die Stimme. Der Inhalt hat also
eine hohe Relevanz, 78 % an nonverbalen Faktoren beeinflussen allerdings, ob wir unsere Zuhörer für uns gewinnen und begeistern. Für die Kollegin aus unserem Beispiel
bedeutet das, dass auch 22 % des besten Inhaltes zu wenig
sind, um ein Konzept erfolgreich zu verkaufen.

Der Schlüssel zum Erfolg liegt in der Sympathie, die zu einem großen Teil durch unsere Körpersprache beeinflusst
wird. Dies liegt daran, dass Kommunikation immer auf einer
Sach- und einer Beziehungsebene abläuft. Während erstere
fast ausschließlich verbal abläuft und sich der Übermittlung
konkreter Informationen bedient, sind für die Beziehungsebene die nonverbalen Signale entscheidend, die auf Gefühle und emotionale Verbindungen abzielen. Der Kollege, der
während eines fachlichen Gespräches permanent aus dem
Fenster schaut, bringt damit ohne Worte seine Einstellung
zur Situation zum Ausdruck. Die junge Kollegin, die, bevor
sie auf eine Frage antwortet, immer zuerst einen Blick auf
ihre ältere Kollegin wirft, offenbart mit ihrem Verhalten etwas über die Beziehung der beiden. An dieser Stelle lohnt es
sich, einen genaueren Blick auf das 2. Axiom von Paul Watzlawicks Kommunikationstheorie zu werfen, das besagt, dass

jede Kommunikation einen Inhalts- und Beziehungsaspekt hat, wobei Letzterer den Ersten bestimmt:

Der Philosoph und Psychotherapeut vertritt die Auffassung, dass nicht nur der Gehalt der Information – also ihre Wahr- oder Falschheit – entscheidend ist, sondern auch die Hinweise, die der Sender an den Empfänger weitergibt und deren Rezeption durch den Empfänger. Neben dem Inhaltsaspekt beinhaltet nach Watzlawick jede Kommunikation auch einen Beziehungsaspekt. Der Sender übermittelt mit der Botschaft auch seine persönliche Einstellung zu seinem Kommunikationspartner. Stimmlage, Mimik und Gestik spielen bei dieser Übermittlung eine wichtige Rolle. Auf der Beziehungsebene enthält eine Mitteilung keinerlei Informationen über sachliche Aspekte. Die Kommunikationspartner setzen sich, so Watzlawick „[...]im Beziehungsaspekt ihrer Mitteilungen nicht über Tatsachen außerhalb ihrer Beziehung auseinander, sondern tauschen untereinander Definitionen ihrer Beziehung und damit implizite ihrer selbst aus" (Watzlawick, 2011).

Während der Inhaltsaspekt also sachliche Informationen vermittelt, umfasst der Beziehungsaspekt Botschaften über das Verhältnis der Kommunikationspartner zueinander, aber auch über deren Einstellung zum Thema. Störungen, Missverständnisse und Konflikte haben ihre Wurzeln im Beziehungsaspekt. Folgendes Beispiel soll das illustrieren: Die Chefin hat dem neuen Lehrling eine fordernde Aufgabe übertragen, die dieser bravourös gemeistert hat. Sie ist positiv überrascht, möchte ihn loben und sagt: „Und du hast diese Aufgabe wirklich ganz allein gelöst?" Damit möchte sie zum Ausdruck bringen, dass sie gar nicht damit gerechnet hat, dass er das schon so selbstständig schafft und von seiner Selbstständigkeit begeistert ist. Hat der Lehrling ein gesundes Selbstvertrauen und fühlt er sich von seiner akzeptiert und wertgeschätzt, wird er diese Botschaft auch so verstehen. Was aber, wenn er eher unsicher ist und Zweifel daran hat, wie seine Vorgesetzte zu ihm steht? In diesem Fall könnte es sein, dass bei ihm folgende Botschaft ankommt: „Wer hat dir geholfen? Allein hast du das sicher nicht zusammengebracht."

Stimmige körpersprachliche Signale reduzieren Störungen über den Beziehungsaspekt. Einen Aspekt der nonverbalen Kommunikation, die Stimmführung, haben wir bereits kennengelernt. Weitere wichtige „Vokabeln" der Körpersprache sind Körperhaltung, Blickkontakt, Mimik, Gestik oder Kleidung. In den nachfolgenden Kapiteln werden wir einige dieser Aspekte näher unter die Lupe nehmen.

1.3.1 Gestik und Mimik – Spiegelbilder unseres Innenlebens

Unser Körper unterstreicht unsere verbalen Aussagen oder sendet widersprüchliche Signale. Nicht umsonst legen Recruiter bei Bewerbungsgesprächen ein besonderes Augenmerk auf die Körpersprache von Kandidaten. Viele Bewerber, die ihre Erfahrungen oder Lebensläufe schönfärben, verraten sich durch ihre Gestik oder Mimik, denn unsere Gedanken und unsere Körpersprache bilden eine untrennbare Einheit. Damit wird unser Körper zum Spiegelbild unserer Seele und offenbart, wie es in unserem Inneren ausschaut. Das bedeutet jedoch nicht, dass Sie Ihre Körpersprache pausenlos kontrollieren oder sich gar verstellen müssen. Authentizität ist ein wesentlicher Faktor für unsere Glaubwürdigkeit. Wer sich eine „fremde" Körpersprache aneignet, beispielsweise besonders ausladend und lebendig gestikuliert, um sein schüchternes und zurückhaltendes

Wesen zu verbergen, erreicht damit nur nicht authentisch und damit weniger vertrauenswürdig sowie sympathisch zu wirken. Dennoch kann man die eigene Körpersprache bewusst etwas optimieren.

Körpersprache ist vor allem Ausdruck unserer Empfindungen. Unser Körper hat allerdings ebenso viele Möglichkeiten der Einwirkung auf die Psyche wie umgekehrt. Ein einfaches Experiment veranschaulicht das:

Legen Sie Ihre Hände so ineinander, dass die eine Hand die andere festdrückt. Ohne die eine Hand würde sich die andere zur Faust ballen. Spüren Sie, wie Ihre Aggression wächst? Lösen Sie Ihre Hände nun und ziehen Sie Ihre Augenbrauen nach oben. Versuchen Sie nun, aggressiv zu sein. Sie werden feststellen, dass dies nicht funktioniert, denn hochgezogene Augenbrauen signalisieren Informationsbedarf. Wer nach mehr Informationen strebt, kann nicht gleichzeitig Entscheidungen treffen. Aggressivität setzt aber Entscheidungen voraus.

Mimik und Gestik sind also nicht nur Ausdruck unserer Gefühle, sie sind auch in der Lage, Gemütszustände zu schaffen. Über unsere Körpersprache bringen wir zum Ausdruck, wie wir zu uns selbst, zu unserem Gegenüber und zu dem, was gerade kommuniziert wird, stehen. Ein Lächeln drückt Zuwendung aus, ein Nicken Zustimmung. Aber wir können uns den Zusammenhang von Gefühlen, Handbewegungen, Gesichtsausdrücken und Körperhaltungen auch bewusst zunutze machen. Sind Sie nervös vor einem wichtigen Meeting? Denken Sie einfach an ein vergangenes Erfolgserlebnis. Dadurch werden Ihre Mimik und Gestik automatisch eine positive innere Haltung widerspiegeln, wenn Sie den Raum betreten.

Im Moment des Sprechens ist ein Teil im Gehirn aktiv, der auch beim Bewegen der Hände aktiviert wird. Gesten sind somit neurologisch eng mit dem Sprechen verbunden und können die Gehirnaktivität und damit das Denken unterstützen. Nicht alle Menschen verwenden authentisch gleich viel Gestik. Versuchen Sie trotzdem einmal bewusst, Ihre Hände in der Kommunikation noch stärker zur Unterstreichung des Gesagten einzusetzen. Sie werden merken, dass Sie nicht nur sicherer sprechen, sondern sich auch präziser ausdrücken und klarere Gedanken fassen können.

Um beruflich Karriere zu machen, ist es wichtig, offen und glaubwürdig zu wirken. Eine offene Hand- und Körperhaltung und ruhige Bewegungen der Arme sind nonverbale Signale, die diese Charaktereigenschaften unterstreichen. Wer seinem Gesprächspartner die Handflächen zeigt, vermittelt unterbewusst, dass er nichts zu verbergen hat. Verstecken Sie also Ihre Hände nicht hinter dem Rücken, unter der Tischkante oder in der Hosentasche.

In Ruheposition sind Hände ideal im neutralen Bereich der Gürtellinie platziert. Damit wirken Sie sachlich und strahlen Verbindlichkeit aus. Ob Ihre Hände dabei die Merkel-Raute formen oder Sie einfach eine Hand locker in die andere legen, bleibt ganz Ihnen überlassen. Von dieser Position ausgehend sind ruhige Gesten oberhalb der Gürtellinie perfekt, um Gesagtes zu unterstreichen. Tiefer angesetzte Handbewegungen wirken unsicher oder unaufrichtig, Gestik in Brustkorbhöhe wirkt meist hektisch oder abwehrend und höher ausgeführte Gebärden muten leicht bedrohlich oder von oben herab an. Unbedingt vermeiden sollten Sie aggressive Gesten wie erhobene Zeigefinger, das Fingerzeigen auf eine Person oder in die Hüfte gestemmte Arme. Möchten Sie jemanden direkt ansprechen, deuten Sie besser mit der ganzen Hand, die Handfläche nach oben gedreht, auf die betreffende Person.

Um Ihren Worten mehr Eindruck zu verleihen, können Sie sich Betonungsgesten, Demonstrationsgesten und Zeigegesten zunutze machen. Betonungsgesten dienen der Untermauerung von Aussagen. So kann eine geballte Faust beispielsweise der Aussage „Mit vereinten Kräften werden wir das schaffen und gestärkt aus dieser Krise hervorgehen" mehr Kraft verleihen. Demonstrationsgesten verdeutlichen Sachverhalte wie Größen, Formen oder Gewichte. Darunter fällt auch, bei einer Aufzählung die Finger als Unterstützung zu nutzen oder steigende Zahlen durch ein Schwenken der Hand nach oben zu betonen. Bei Zeigegesten deuten Sie mit Ihren Händen oder Fingern auf Dinge im Raum oder zeigen Gegenstände.

Wenn wir uns unsicher fühlen und nervös sind, sendet unser Körper entsprechende Signale aus. Wir reiben dann die Hände aneinander, berühren häufig unser Gesicht, spielen mit Schmuck oder tippen hektisch mit dem Fuß auf den Boden. Diese Gebärden passieren unbewusst, mit der Absicht, uns zu beruhigen. Gerade in Stresssituationen verlieren die meisten Menschen die Kontrolle über ihre Mimik und Gestik. Derartige Körpersignale wirken unprofessionell und sollten nach Möglichkeit vermieden werden. Wenn Sie sich bei solchen Bewegungen ertappen, versuchen Sie am besten bewusst tief einzuatmen und eine selbstbewusste, lockere Körperhaltung einzunehmen.

Wahre Wunder wirkt ein aufrichtiges Lächeln. Unser Gehirn bevorzugt freundliche und glückliche Gesichter. Mit einem Lächeln schlagen Sie zwei Fliegen mit einer Klappe: Es beeinflusst Ihr eigenes inneres Wohlbefinden und wirkt sich zudem positiv auf Ihre Mitmenschen aus, die Sie als zugänglich und vertrauensvoll wahrnehmen. Darüber hinaus beeinflusst ein Lächeln die Reaktionen anderer. Wer angelächelt wird, erwidert dieses Lächeln meist automatisch. Wir haben schon gehört, dass sich unsere Gefühle nicht nur in unserer Mimik und unseren Gesten ausdrücken, sondern diese Wechselwirkung auch in die andere Richtung funktioniert – Forscher sprechen in diesem Zusammenhang von Body-Feedback. Ihr Lächeln und das dadurch in Ihrem Gesprächspartner hervorgerufene Lächeln haben somit auch eine positive Wirkung auf die Beziehungsebene und innere Einstellung zueinander.

Ein weiterer wesentlicher Faktor für eine souveräne Wirkung ist der Blickkontakt. Folgendes Beispiel aus dem Büroalltag soll das Zusammenspiel von Mimik, Gestik und Blickkontakt unterstreichen:

Ein Kollege wird zu seinem Vorgesetzten ins Büro gerufen. Der Chef konfrontiert ihn mit haltlosen Vorwürfen. Der Mitarbeiter versucht, die Tatsachen richtigzustellen. Dabei hält er den Blick gesenkt, seine Hände spielen abwechselnd nervös mit dem Kugelschreiber oder verstecken sich unter dem Tisch. Er findet aber kein Gehör, denn er wirkt schuldbewusst und der Chef ist trotz seiner Argumente überzeugt, dass er was ausgefressen hat.

Wie wichtig der Blickkontakt für unsere Überzeugungswirkung ist, lässt sich an Aussagen wie „Schau mir ins Gesicht und lüg mich nicht an" ablesen. Wer sich mit Blickkontakt schwertut, sollte einmal damit beginnen, sich im Spiegel selbst in die Augen zu schauen und sich dabei nicht von einer inneren Stimme, die beispielsweise nörgelt „Wie siehst du denn heute wieder aus?" oder „Du musst dringend zum

Friseur!" ablenken lassen. Im nächsten Schritt gilt es dann, bewusst den Blickkontakt zu vertrauten Menschen, netten Kollegen und entspannten Vorgesetzten zu suchen. Sie können auch damit beginnen, sich für ein bis zwei Sekunden auf den Punkt zwischen den Augen Ihres Gegenübers zu konzentrieren und dann zu direktem Augenkontakt überzugehen. Sind diese Hürden geschafft, gelingt es bald auch, dem Chef in schwierigen Situationen in die Augen zu schauen.

Auch in Sachen Mimik und Gestik gilt die Kongruenz als Indikator für die Überzeugungskraft. Wenn die als schüchtern und zurückhaltend bekannte Kollegin im Meeting mit der Faust so fest auf den Tisch schlägt, dass die Gläser wackeln, um sich Gehör zu verschaffen, wirkt das eher irritierend. In diesem Fall wäre eine dezentere Geste wie ein mit den Fingerknöcheln auf den Tisch Klopfen stimmiger. Abschließend lässt sich daher sagen, dass ausladende, große und kraftvolle Gebärden eher zu temperamentvollen Menschen passen, kleinere, stillere Gesten hingegen das Gesagte bei ruhigeren Menschen wirkungsvoll unterstreichen.

 **Good to know**

Verzichten Sie nach Möglichkeit auf folgende Gesten:
Gehobener Zeigefinger.
Mit dem Zeigefinger auf Personen zeigen.
Nervöses Händereiben oder ins Gesicht fassen.
Hinter dem Kopf verschränkte Arme.

1.3.2 Körperhaltung gibt Halt

Eines der ersten Dinge, die wir an anderen Personen bemerken, ist ihre Körperhaltung. Die Haltung eines Menschen verrät seine Grundstimmung, seine Selbstsicherheit, seine Einstellung zu den Zuhörenden und seine Sicherheit im Thema. Ein souveränes Auftreten hat viel mit einem breitbeinigen, festen Stand, der Selbstvertrauen ausdrückt, zu tun. Wer hüftbreit auf beiden Beinen steht, tut sich leichter, seinen Standpunkt zu vertreten. Ein gerade gehaltener Kopf unterstreicht dabei die Geradlinigkeit der eigenen Argumente. Dieselben Regeln gelten auch für die Körperhaltung im Sitzen.

Erinnern wir uns an das Beispiel des Kollegen, der von seinem Vorgesetzten mit ungerechtfertigten Vorwürfen konfrontiert wurde. Stellen wir uns nun vor, dass er dabei in Schrittstellung auf der Vorderkante des Stuhls gesessen ist. Diese Haltung signalisiert Unruhe und Fluchtgedanken und verstärkt den Argwohn des Chefs. Frauen neigen oft dazu, ihre Beine um den Stuhl zu winden, wenn sie Halt suchen und zeigen damit ihre Verlegenheit. Viel effektiver wäre es, beide Füße fest auf den Boden zu stemmen und das Rückgrat aufzurichten. Eine aufrechte Haltung gegenüber Respektspersonen kann manchmal schwerfallen. Wir haben die Tendenz, uns vor einem höherrangigen Gegenüber kleiner zu machen, wodurch das Machtgefälle verstärkt wird. In solchen Situationen vergessen wir leicht, dass wir ein Rückgrat haben. Zusätzlich neigen wir bei Unsicherheit oder wenn wir eingeschüchtert werden dazu, unsere Arme zu verschränken. Dies ist ein Zeichen dafür, dass wir uns schützen wollen und lässt uns defensiv wirken.

Ein weiterer entscheidender Faktor für die Wirkung unserer Körpersprache ist der Platz, den wir vereinnahmen. Macht,

Status und Selbstvertrauen werden nonverbal über den beanspruchten persönlichen Raum kommuniziert. Beobachten Sie einmal Personen, die Autorität ausstrahlen. Sie werden feststellen, dass diese durch ihre Körperhaltung und Gestik selbstverständlich Platz für sich in Anspruch nehmen. Sie strecken beispielsweise im Sitzen ihre Beine aus, um mehr Raum einzunehmen, stehen in gewissen Situationen auf und bewegen sich, um dominanter zu wirken oder verteilen ihre Unterlagen weitläufig am Besprechungstisch.

Forschungen an den Harvard und Columbia Business Schools über die Auswirkungen der Körperhaltung auf das Selbstvertrauen haben gezeigt, dass eine Körperhaltung in ausladenden, kraftvollen Posen – zum Beispiel ein Zurücklehnen mit den Händen hinter dem Kopf oder Stehen mit weit ausgestreckten Beinen und Armen – für nur zwei Minuten einen höheren Testosteronspiegel (Hormon in Verbindung mit Macht und Dominanz) und einen niedrigeren Cortisolspiegel (Stresshormon) stimuliert. Dieses sogenannte Power-Posing können Sie sich zunutze machen, um beispielsweise vor einem wichtigen Gespräch Selbstbewusstsein zu tanken. Lehnen Sie sich mindestens eine Minute lang bequem in Ihrem Bürosessel zurück, verschränken Sie die Hände mit weit nach außen zeigenden Ellenbogen hinter Ihrem Kopf und stellen Sie ihre Beine weit auseinander am Boden ab. Fühlen Sie, wie Ihnen diese Power-Pose Selbstvertrauen gibt?

Schlagen wir hingegen die Beine übereinander, halten die Ellenbogen eng am Körper und gestikulieren auf Sparflamme, statt breitbeiniger und mit offenen Knien zu sitzen, die Ellenbogen aufzustellen und mit Handbewegungen unser Territorium zu verteidigen, wirken wir vergleichsweise unsicher, zurückhaltend, weniger durchsetzungsstark oder sogar unterwürfig. Besonders Frauen haben die Tendenz, sich im Vergleich zu Männern schmal zu machen, was ihrer Karriere nicht unbedingt förderlich ist. Wer in der Berufswelt eine überzeugende Eigenmarke aufbauen will, muss auch Durchsetzungskraft vermitteln können. Wer seine Haltung öffnet und mehr Raum einnimmt, zeigt diese nötige Dominanz. Scheuen Sie sich nicht, Ihr Territorium in einem Raum zu beanspruchen, wenn es nötig ist.

Kommunikation ist immer auch Interaktion mit anderen Personen. Ein klassisches Ausdrucksmittel für die Beziehung und die Machtverteilung zwischen zwei Menschen ist der Abstand zwischen ihnen. Stellen Sie sich vor, Sie beobachten folgende Situation: Eine Kollegin hält Unterlagen in der Hand und blickt konzentriert auf diese. Schräg hinter ihr steht ihr Vorgesetzter. Er beugt sich über ihre Schulter, die er mit seinem Oberkörper berührt. Seine Stirn ist gerunzelt, er deutet mit seiner Hand, die dabei den Arm der Kollegin streift, auf die Unterlagen. Wäre Ihnen diese Gesprächssituation angenehm? Wohl kaum. Es ist anzunehmen, dass der Chef die Arbeit der Frau kritisiert. Dabei verletzt er ihre Intimsphäre und hat durch die Überrumpelung von hinten eine Situation kreiert, die die Kollegin in die Defensive und eine Rechtfertigungsposition zwingt.

In unserer Kultur beträgt die Intimzone ungefähr eine halbe Armlänge. Gestatten wir jemandem näher heranzukommen, signalisiert das Vertrauen. Dringt jemand ungefragt in diesen Bereich ein, fühlen wir uns bedrängt. Ein Mensch, der die Intimzone eines anderen verletzt, bringt dadurch zum Ausdruck, dass er auch die Person missachtet und demonstriert seinen Status und seine Macht. Anschließend an die Intimzone beginnt die sogenannte persönliche Zone, die ungefähr bis zu einer Armlänge reicht. Menschen, zu denen wir ein gutes Verhältnis haben, lassen wir freiwillig in diese Zone. Hingegen dürfen Personen, zu denen wir ein oberflächliches oder nicht so gutes Verhältnis haben, nur unsere soziale Zone betreten, die an die persönliche Zone angrenzt.

Kommen wir nochmals zurück zu unserem vorigen Beispiel. Stellen wir uns nun vor, dass die Kollegin sich ihrem Vorgesetzten zudreht und ihm gerade in die Augen blickt, ohne dabei zurückzuweichen. Dadurch setzt sie der Überrumpelung von hinten effektiv ein Ende. Zudem bringt sie ihre Hände mit den Unterlagen bis in Brusthöhe nach oben und benutzt diese als Schutzschild. Damit verteidigt sie ihr Territorium und verschiebt die Machtverhältnisse zu ihren Gunsten.

Raum einnehmen und Platz machen hängen eng zusammen. Eine Gruppe von Kollegen steht am Gang zusammen. Eine andere Person geht den Flur entlang. Was wird passieren? Wird die Gruppe zurückweichen und dieser Person Platz machen, damit sie gerade durchmarschieren kann oder wird die Person ihren Kurs ändern und ausweichen? Auch hier spielt der Status eine Rolle. Höherrangigen Personen wird Platz gemacht. Frauen, unabhängig von ihrer Position im Unternehmen, haben jedoch oft die Tendenz, auszuweichen, sich schmal zu machen und sich am verbleibenden Platz vorbeizuschummeln. Das ist natürlich auch eine Frage der Höflichkeit, denn sie nehmen auf das Gespräch der Gruppe Rücksicht. Aber wäre es nicht ebenso höflich vonseiten der Kollegen, die einen großen Teil des Ganges blockieren, Platz zu machen? Studien zeigen, dass Männer mehr Raum einnehmen und Frauen Männern unbewusst mehr Platz geben als umgekehrt. Frauen sollen keineswegs unhöflich werden, sie tun aber gut daran, zu reflektieren, wo sie Platz machen und wo sie standhaft bleiben möchten. In ersterem Fall kann durchaus ein von einem selbstbewussten Lächeln begleitetes „Meine Herren, würden Sie bitte Platz machen" angebracht sein.

Ein weiterer Baustein für eine gelungene Kommunikation ist eine offene Körperhaltung. Eine solche, in Verbindung mit einer dem Gesprächspartner zugewandten Position, signalisiert Selbstbewusstsein und Interesse. Dazu gehören offene Arme, eine gerade Wirbelsäule und keine gekreuzten Gliedmaßen. Menschen mit einer offenen Haltung wirken auf uns überzeugender und sympathischer als solche, die ihre Arme vor der Brust verschränken. Zudem signalisieren vor der Brust verschränkte Arme Desinteresse und Ablehnung. Eine im Brust- und Halsbereich offene Haltung zeugt hingegen von Selbstsicherheit und Offenheit, denn damit präsentieren wir verletzliche Körperteile ungeschützt. Um auch im Sitzen Ruhe und Selbstbewusstsein auszustrahlen, lehnen Sie sich am besten zurück. Wer dazu neigt, den Rücken rund zu machen und sich mit nach innen rotierten Schultern nach vorne zu beugen, wirkt verschlossen. Wenn Sie sich leicht an die Rückenlehne anlehnen, nehmen Sie automatisch eine offene Sitzposition ein.

Auf eine offene, dem Gegenüber zugewandte Körperhaltung zu achten, ist besonders in Mitarbeiter- und Verkaufsgesprächen wichtig. Ein vertrauensvoller Austausch kann nur in einer dementsprechenden Atmosphäre stattfinden. Lockere, offene Arme laden zum Dialog ein, ein Zuneigen des Oberkörpers signalisiert Interesse. Stellen wir uns dazu folgende Situation vor:

Die Chefin sitzt ihrem Mitarbeiter im Mitarbeitergespräch in einer aufrechten, offenen Sitzhaltung gegenüber. Ihre Hände ruhen locker am Tisch, die Handflächen zeigen nach

oben. Sie fragt nach seiner Einschätzung, hält mit leicht ge-
neigtem Kopf Blickkontakt und beugt ihren Oberkörper etwas in seine Richtung, um ihr Interesse an seiner Antwort
zu unterstreichen. Damit schafft sie eine Atmosphäre, die es
dem Mitarbeiter erleichtert, offen zu reden.

Übungen zum Thema Körperhaltung

Übung 1: Stellen Sie sich hüftbreit vor den Spiegel, nehmen
Sie die Schultern leicht nach hinten und stellen Sie sich nun
vor, dass am höchsten Punkt Ihres Kopfes eine Schnur fixiert
ist, die Sie Richtung Decke zieht. Dadurch wird Ihre Haltung
automatisch gerader und aufrechter und Sie machen sich
größer. Wie fühlt sich das an? Spüren Sie Ihr Selbstbewusstsein? Das Prinzip funktioniert auch im Sitzen. Achten Sie
zusätzlich darauf, dass Sie die gesamte Sitzfläche ausnut-
zen und Ihre Füße fest am Boden stehen. Versuchen Sie in
Gesprächen bewusst diese aufrechte Haltung einzunehmen,
bis sie irgendwann zum Automatismus wird.

Übung 2: Lassen Sie bei hüftbreitem Stand Ihren Oberkörper nach vorne sinken, ohne zu wippen. Bleiben Sie mit dem
Kopf nach unten so lange in dieser Position, wie es Ihnen
nicht unangenehm ist. Lassen Sie Ihren Atem bewusst fließen. Spüren Sie, wie Ihr Kopf hängt, der Hals immer länger
wird und die Rückmuskulatur gedehnt wird. Richten Sie sich
nun langsam, Wirbel für Wirbel auf. Der Kopf wird erst ganz
zum Schluss wieder aufgerichtet. Sie stehen nun ganz natürlich und ohne Übertreibung gerade und aufrecht.

 **Good to know**

Folgende körpersprachliche Signale sollten Sie eher vermeiden:
Arme vor der Brust verschränken.
Anderen zu nahe kommen (das gilt auch für unwillkommene Berührungen).
Sich unnötig klein machen, zu wenig Raum einnehmen.
Körpersprache, die nicht zum Gesagten passt.

1.3.3 Körperbewegung bringt Dynamik

Bewegung offenbart immer eine Intention. Körperhaltung und Bewegung sind in der Praxis kaum voneinander zu trennen. Eine spezifische Körperhaltung erfordert eine bestimmte Art der Bewegung. Eine Person mit stolzer, aufgerichteter Körperhaltung wird kaum zaghaft vor sich hin trippeln, genauso wenig wie eine geduckte, in sich zusammengesunkene Person wohl kaum mit zügigen, großen Schritten durch den Flur schreitet.

Gehen ist Ausdruck der Persönlichkeit – wir erkennen Menschen an ihrem Gang und können an diesem auch abschätzen, wie sie gelaunt sind. Wer fröhlich und gut gelaunt ist, schleppt sich nicht dahin wie ein lahmer Gaul. Umgekehrt wird jemand, der von Sorgen geplagt ist, kaum aufrecht und mit dynamischen, energischen Schritten daherkommen. Große Schritte deuten auf Unternehmungslust und Elan, frei schwingende Arme unterstreichen die Handlungslust.

Knappe Armbewegungen beim Gehen drücken hingegen Vorsicht und Zurückhaltung aus.

Wenn Sie aufstehen, um nach vorne zu einer Präsentation zu gehen, gehen Sie mit festen Schritten dorthin. Belasten Sie Ihre Füße während Ihrer Präsentation gleichmäßig und stellen Sie sie schulterbreit auseinander – aber nicht zu breit. Sie wirken dann standfest und ruhig und Ihre Stimme wird kräftiger. Bauen Sie auch wohl dosierte Bewegung in Ihre Präsentation ein. Sie können beispielsweise ein paar langsame Schritte Richtung Publikum machen, etwas verweilen und sich dann Richtung Präsentation bewegen, um etwas an der Projektionsfläche zu zeigen. Wer die Bühne bzw. den Raum nutzt, vermittelt, dass er sich wohlfühlt und sattelfest ist. Zudem gewinnt unsere Stimme durch Körperbewegung an Modulationsfähigkeit. Wichtig dabei ist, sich natürlich und ruhig zu bewegen. Wer ständig auf und ab läuft oder zu energisch herum schreitet, wirkt eher nervös.

In der gezielten Bewegung liegt auch ein Schlüssel zum Gesprächserfolg. Wenn wir in Bewegung bleiben, bieten wir dem Gegenüber nicht beinhart die Stirn, sondern zeigen Flexibilität. Dadurch stimulieren wir nicht nur uns selbst, sondern auch unser Gegenüber. Umgekehrt liefert uns die Bewegung unseres Gesprächspartners wertvolle Signale. Eine Person, die sich nach ihrer Wortmeldung zurücklehnt, gibt uns Raum und spricht damit nonverbal eine Einladung aus, dass es nun an uns ist, das Wort zu ergreifen. Eine offene Bewegung läutet einen Prozess ein, der Barrieren und starre Positionen überwinden kann.

Stellen wir uns folgende Gesprächssituationen vor: Zwei Verhandlungsparteien sitzen sich am Tisch gegenüber, die Verhandlung ist festgefahren, was sich auch an der starren

Haltung der Gesprächspartner ablesen lässt. Dann verändert eine Person bewusst ihre Sitzhaltung, lockert ihre Schultern und begleitet diese Bewegung mit den Worten: „Versuchen wir, das Ganze einmal aus einer anderen Perspektive zu betrachten." Ihr Gegenüber wird von dieser Dynamik angesteckt, verändert ebenfalls die Körperhaltung und siehe da, plötzlich kommt wieder Bewegung in die Sache.

In einer anderen Situation sitzt eine Verkäuferin einem Kunden gegenüber, der durch seine verschränkten Arme Abwehr signalisiert. Um ihn sprichwörtlich zu öffnen, kann sie ihm zum Beispiel Unterlagen reichen und ihn ermuntern, diese durchzublättern oder sie kann ihm eine Tasse Kaffee anbieten, nach der er greifen muss. Natürlich wird ihr der Abschluss nicht gelingen, ohne dass sie seine Motive versteht und auf diese eingeht. Die Auflösung der blockierenden Körperhaltung des Kunden macht es ihr jedoch leichter, einen konstruktiven Dialog zu erreichen.

Entsteht in einem Gespräch eine unbeabsichtigte Spannung, kann es hilfreich sein, den Kopf leicht zur Seite zu neigen. Durch dieses Präsentieren der verwundbaren Halsschlagader signalisieren Sie Vertrauen, ein Angebot, das vom Gegenüber meist angenommen wird. Funktionieren wird das allerdings nur, wenn diese Bewegung in Harmonie zu Ihrer inneren Einstellung passiert. Wer Vertrauen erwecken will, muss auch bereit sein, es zu geben. Aber auch eine klare Position einzunehmen, indem wir beispielsweise durch eine Bewegung der aufgestellten Handflächen oder ein nicht Zurückweichen signalisieren: „Bis hierher und nicht weiter", kann Vertrauen schaffen, denn dadurch bieten wir unserem Gesprächspartner Orientierung. Standfestigkeit und Beweglichkeit brauchen einander, denn die eine nutzt wenig ohne die andere. Optimal miteinander kombiniert unterstützen sie den Gesprächserfolg.

Kommunikation ist Austausch, ein rhythmischer Tanz, der vom Wechsel von auf den Anderen zugehen und zurückweichen, von Druck und Nachgeben, von Nähe und Abstand lebt. Ein erfolgreicher Austausch erfordert Flexibilität und Flexibilität benötigt Bewegung. Auch unsere Sprache drückt aus, dass hinter jeder unserer Körperbewegungen eine Intention steckt, denken wir nur an die Worte „Zuneigung" und „Abneigung" oder die Phrasen „Sie rückt keinen Millimeter von ihrer Meinung ab" und „Ich möchte deine Beweggründe verstehen". Der Schlüssel zum Erfolg liegt darin, auf die Signale des Gegenübers zu reagieren und dabei die richtige Mischung zwischen Standfestigkeit und Flexibilität zu finden. Wer eine andere Person zu etwas bewegen möchte, muss ihr auch Raum zur Bewegung geben.

Interessant ist, dass Bewegung als wirksames Mittel zur Dialogstimulation zu wenig genutzt wird. Viel zu selten laden wir die andere Person dazu ein, ein paar Schritte zu gehen. Dabei eröffnen sich gerade im Gehen neue Perspektiven und verändern spielerisch eingefahrene Positionen. Die klassische Gesprächssituation, in der sich die Akteure an einem Tisch gegenübersitzen, schränkt hingegen auch den Bewegungsspielraum ein. Noch dazu fördert die frontale Anordnung eine Konfrontationshaltung. Wohingegen das nebeneinander Gehen oder seitlich zugewandtes Sitzen auf einer Sitzecke einen Zusammenschluss leichter möglich machen.

Abschließend noch eine Übung, die Sie für das Thema Bewegung sensibilisieren soll:

Versuchen Sie einmal, abweichend von Ihrem normalen Schrittmaß, mit größeren und dann mit kleineren Schritten zu gehen. Wie verändert sich Ihre Empfindung? Variieren Sie nun auch die Bewegung Ihre Arme zwischen schwingender Bewegung und nahezu unbeweglichem Herunterhängenlassen. Was verändert sich, wenn Sie Ihren Nacken eher steif halten oder ihn bewegen, um bewusst die Umgebung aufnehmen zu können? Und nun bewegen Sie sich mit elastischen Schritten und locker schwingenden Armen. Denken Sie nun an ein Problem, das Sie beschäftigt hat. Spüren Sie, wie sich die Bedeutung des Problems durch die Bewegung verändert?

1.3.4 Nonverbale Signale entschlüsseln

Körpersprache funktioniert instinktiv und ist einzigartig. Obwohl alle Menschen das gleiche Vokabular an Gesten, Mimik und Haltung verwenden, spricht jeder Körper seine eigene Sprache, die durch unsere Persönlichkeit, unsere Erfahrungen und unseren Kulturkreis beeinflusst wird. Um nonverbale Signale schlüssig und sinnvoll interpretieren zu können, ist es wichtig, sich nicht auf einzelne Faktoren zu konzentrieren, sondern das Gesamtbild zu betrachten.

Sind die zusammengekniffenen Augen des Verhandlungspartners Kurzsichtigkeit oder Drohsignal? Bedeutet der zur Seite geneigte Kopf der Kollegin Zweifel, Ausweichen oder ein Vertrauensangebot? So wie sich uns der Inhalt eines Textes nicht aus den einzelnen Wörtern, sondern aus ihrem Zusammenhang und ihrer Gesamtheit eröffnet, lässt sich auch Körpersprache nicht anhand einzelner Signale interpretieren. Körpersprache ist ein ganzheitliches System. Ungeduld, Abwehr oder Wohlwollen zeigen sich nie ausschließlich in einem Körperteil, sondern lassen sich aus dem Zusammenspiel von Blick, Mimik, Hand- und Körperhaltung, Bewegung und Stimme ablesen.

Stellen Sie sich folgende Situation vor: Ihre Chefin präsentiert dem Team neue KPIs, an denen die Team- und Einzel-Performance gemessen werden. Ein heißes Thema, denn es erfordert, die bisherige Arbeitsweise zu verändern. Ihre Vorgesetzte präsentiert den Einführungsprozess, die Konsequenzen und warum diese Neuausrichtung für den Unternehmenserfolg wichtig ist. Dabei wirkt sie vertrauenswürdig und souverän, ihre Botschaften finden Gehör, das Team ist interessiert und zahlreiche Fragen kreisen in den Köpfen der Zuhörer. Die Rede geht dem Ende zu, die Vortragende verschränkt ihre Hände vor der Brust und sagt: „Uns stehen also wichtige Veränderungen bevor. Sie haben sicherlich viele Fragen. Bitte, fragen Sie, ich bin offen dafür." Plötzlich kippt die positive Stimmung, eine unangenehme Stimmung macht sich breit und niemand stellt eine Frage.

Das Publikum war irritiert, denn aus seiner Sicht stimmte die verbale Botschaft der Chefin nicht mit ihrer Körpersprache überein. Während ihre Worte Offenheit verkündeten, signalisierten die verschränkten Arme das Gegenteil. Aber so eine vorschnelle Interpretation kann gefährlich sein. Wenn wir verschränkte Arme grundsätzlich als Zeichen von Abwehr, Desinteresse oder Ablehnung werten, kann es sein, dass wir der Person Unrecht tun. In sehr vielen Fällen kann es einfach sein, dass diese Haltung als bequem empfunden wird. Vielleicht ist der Person aber auch einfach etwas kalt. Ohne andere Faktoren wie den Gesichtsausdruck oder die Stimme miteinzubeziehen, lassen sich die verschränkten Arme nicht eindeutig interpretieren.

Auch der Kontext ist wichtig, um nonverbale Signale entschlüsseln zu können. Stellen Sie sich vor, Sie beobachten, wie Ihre Chefin eine Kollegin innig umarmt. Sie sind irritiert und das unangenehme Gefühl beschleicht sie, dass diese

Kollegin bevorzugt und begünstigt wird. Später erfahren sie, dass sie der Chefin erzählt hat, dass ihr Kind mit einer schweren Erkrankung ins Krankenhaus eingeliefert wurde. Wie interpretieren Sie die beobachtete Umarmung nun?

Vorschnelle Urteile sind gefährlich und führen zu zahlreichen Missverständnissen. Gekreuzte Arme bedeuten Abwehr. Wer sich an die Nase fasst, lügt. Wer seine Hände unter dem Tisch versteckt, ist unsicher oder hat etwas zu verbergen. Diese isolierten Vokabeln reichen nicht, um Körpersprache zu übersetzen. Zwar kann diese Interpretation in vielen Fällen zutreffen, sehr oft gehören gewisse Gesten aber auch einfach zum Normalverhalten einer Person. Denken Sie an Angela Merkel und die berühmt-berüchtigte Merkel-Raute. Oft wird diese Handhaltung als Signal der Abwehr oder Konzentration gedeutet. Bei der deutschen Kanzlerin hat es aber keine Bedeutung, es ist einfach ihre Gewohnheit, ihr ganz persönlicher Stil.

Jeder Mensch hat gewisse Muster in seiner Körpersprache, die wir anfangs noch nicht kennen. Beobachtete nonverbale Signale lassen sich nur im Zusammenhang mit diesem individuellen Normalverhalten interpretieren. Am eindeutigsten offenbart sich dieses in stressfreien Situationen und je besser Sie eine Person kennen, desto leichter ist es für Sie, dieses zu identifizieren. Aufschlussreich ist es immer, wenn nonverbale Signale von der üblichen Körpersprache einer Person abweichen. Spielt ein Kollege, der das immer tut, in einem Meeting wieder einmal mit dem Kugelschreiber, zeigt er damit einfach sein Normalverhalten. Hingegen deutet dieselbe Gestik bei einer Kollegin, deren Hände normalerweise ruhig und entspannt am Tisch ruhen, auf innere Unruhe.

Aber was, wenn wir keine Möglichkeit haben, einen Menschen öfter und länger in entspannten Gesprächen über belanglose Themen zu beobachten? In dieser Situation kommt dem Small Talk eine bedeutende Rolle zu. Ein unverfänglicher Gesprächseinstieg gibt uns die Möglichkeit, unser Gegenüber zu beobachten. Ist die Mimik locker und entspannt? Ist die Haltung unsicher oder selbstbewusst? Sind die Gesten ruhig und entspannt oder fahrig und nervös? Verändert sich dieses Normalverhalten im Laufe des Gesprächs, ist Aufmerksamkeit geboten. Hat Ihr Gesprächspartner seine Aussagen bisher immer mit einer lebendigen Handgestik untermalt, plötzlich bleibt diese aber aus, kann das ein Anzeichen für aufkommende Anspannung sein. Auch ein häufigeres Blinzeln als normal kann auf Unsicherheit und Anspannung hindeuten.

Einige körpersprachliche Vokabeln haben allerdings nahezu universelle Gültigkeit. Fest aufeinander gepresste Lippen sind immer ein Anzeichen für Widerstand und die Weigerung, etwas aufzunehmen. Eine verkrampfte Mimik und Körperhaltung sind Spiegel einer inneren Verhärtung und eines gefesselten Geistes, geballte Fäuste ein Zeichen für Aggression und Kampfbereitschaft. Der betonte Blick auf die Uhr ist in den meisten Fällen ein deutliches Abbruchzeichen. Interessant ist auch zu beobachten, ob sich ihre Gesprächspartnerin im Meeting zurücklehnt, während sie einen Satz spricht oder nachdem sie ihn gesprochen hat. Ersteres deutet darauf hin, dass sie sich von ihrer Wortmeldung distanziert. Im zweiten Fall kommuniziert sie hingegen eine Einladung an die anderen Teilnehmer, den Faden aufzunehmen und zu antworten.

Die ehrlichsten Körperteile sind unsere Füße. Das liegt daran, dass wir durch das limbische System in unserem Gehirn am wenigsten Einfluss auf jene Körperteile haben, die am weitesten vom Gehirn entfernt sind. Ein Blick auf die Füße kann daher aufschlussreich sein. Zeigen die Füße in unsere Richtung, deutet das darauf hin, dass unser Gesprächspartner mit dem Gesagten einverstanden ist. Ein wegzeigender Fuß zeugt hingegen von weniger Übereinstimmung. Ist der Fuß Richtung Tür gerichtet und unser Gegenüber noch dazu auf die Stuhlkante gerutscht, den Oberkörper von uns abgewandt, ist das ein deutliches Anzeichen für mangelndes Interesse oder mangelnde Zeit.

Eine gute Übung, Ihren Blick für nonverbale Signale zu schulen, ist beim Fernseher einmal den Ton abzudrehen. Versuchen Sie, aus Mimik, Gestik und Körperhaltung Rückschlüsse auf die Grundstimmung der Personen und ihre Reaktionen zu ziehen.

 **Good to know**

So lassen sich stehende Menschen lesen:
Hin und her wackeln zeugt von Unsicherheit.
Ein übertrieben breitbeiniger Stand soll Dominanz signalisieren.
Die Fußrichtung gibt Aufschluss darüber, wo es eine Person hinzieht.
Sind nur die Daumen in die Hosentasche gehakt, deutet das auf Unsicherheit hin.

Zweites Gesetz

Auf eine positive Ausdrucksweise achten

Worte schaffen Existenz. Alles, was wir durch ein Wort benennen können, ist existent. Durch den bewussten Einsatz von Sprache schaffen wir Wirklichkeit und formen unser Denken und das unserer Zuhörer. Wer das Spiel mit den Worten beherrscht, hat im Berufsleben einen Vorteil. Nicht umsonst verkündet Mephistopheles in Goethes Faust:

Im Ganzen – haltet euch an Worte!

Dann geht ihr durch die sichre Pforte.

Zum Tempel der Gewissheit hin.

Der Philosoph Ludwig Wittgenstein, der sich intensiv mit der Bedeutung und Logik von Sprache auseinandersetzte, ging sogar so weit, zu behaupten: *„Die Grenzen meiner Sprache sind die Grenzen meiner Welt."* (Wittgenstein, 1922).

Sprache ist zudem Ausdruck unserer Lebenseinstellung – denken Sie einfach an das Beispiel des halb vollen oder halb leeren Glases. Personen, die wir als negativ wahrnehmen, zeichnen sich meist auch durch Negativität in ihrer Sprache aus. Formulierungen wie „Das wird niemals klappen" oder die häufige Verwendung von Worten wie „müssen", „aber", „Problem" oder „schwierig" kennzeichnen einen negativen

Sprachstil. Dieser wirkt nicht nur auf unsere Umwelt un-vorteilhaft, sondern kann sich sogar hinderlich auf unsere Leistung auswirken. Unser Unterbewusstsein nimmt den Wahrheitsgehalt negativer Selbstsuggestionen ungeprüft für bare Münze. Wer mit seiner Sprache Pessimismus ver-breitet, läuft schnurstracks in eine Gedankenfalle. Unsere Worte bestimmen maßgeblich unsere Wahrnehmung der Welt und entscheiden mit über Erfolge und Misserfolge.

Zudem ist unsere Sprache auch maßgeblich dafür verant-wortlich, wie wir von anderen Menschen im intellektuellen Sinne eingestuft werden. Je präziser und prägnanter wir uns ausdrücken können, desto leichter können wir anderen unsere Gedanken und Gefühle vermitteln. In den nachfol-genden Kapiteln werden wir auch feststellen, dass unsere Wortwahl einen enormen Einfluss darauf hat, wie unsere Botschaft von den Adressaten aufgenommen wird und wel-che Assoziationen sie dazu bilden.

Wir werden sehen, dass die Wahl unserer Worte Einfluss auf gedankliche oder motivationale Prozesse bei unseren Ge-sprächspartnern nimmt. Gerade im Beruf sind wir gefordert, ein Meinungsbild zu entwickeln, Entscheidungsprozesse zu begleiten oder Feedback zu geben. Sprache ist eines unserer wichtigsten Werkzeuge, um Brücken zu bauen, Konflikte zu lösen, Teamspirit zu erzeugen, Sicherheit zu geben oder Be-geisterung zu entzünden. In den folgenden Kapiteln werden wir sehen, wie Sprache und beruflicher Erfolg unmittelbar zusammenhängen.

2.1 Konstruktive Kritik äußern

Menschen lernen, indem sie die Auswirkung ihres Verhal-tens auf andere beobachten. Die Rückmeldung, wie unser

Verhalten auf unsere Umwelt wirkt, bezeichnen wir als Feedback. Konstruktives Feedback erleichtert es uns, unser Selbstbild mit dem Fremdbild in Übereinstimmung zu bringen und unsere blinden Flecken aufzudecken. Darunter versteht man Signale, die eine Person aussendet und die von anderen wahrgenommen werden, ohne dass die Person sich dessen bewusst ist. Aus diesem Grund sollten Sie wertschätzender, konstruktiver Kritik immer offen begegnen. Durch die Angleichung von Selbst- und Fremdbild werden Sie sich Ihres Verhaltens und dessen Wirkung bewusst und können so Ihre Außenwirkung besser abschätzen. Schon Konfuzius predigte daher: „*Ein kluger Mensch nimmt mit gleicher Ruhe Lob und Kritik an.*"

Vor allem als Führungskraft tragen wir auch eine Verantwortung für die persönliche Weiterentwicklung unserer Mitarbeiter. Um diese zu fördern, ist es unerlässlich, Lob und Kritik auszusprechen. Aber auch unter Kollegen profitiert das Arbeitsklima davon, wenn diese die Kunst des Feedback-Gebens beherrschen. Zwar besagt eine chinesische Weisheit: „Freunde erkennst du nicht daran, wie sie dich loben, sondern daran, wie sie dich kritisieren", trotzdem fällt es uns Menschen nicht immer leicht, Kritik aufgeschlossen gegenüberzustehen. Als Feedback-Geber können wir allerdings einiges dazu tun, dass unser Gegenüber auch kritische Äußerungen leichter annehmen kann.

Stellen wir uns folgende Situation vor: Das Vertriebsteam diskutiert Ideen, die Erträge pro Kunde zu steigern. Ein Mitarbeiter reagiert auf jeden Vorschlag der Kollegen damit, Gründe zu finden, warum dieser nicht funktionieren wird. Der Chef hat dieses Verhalten schön öfter bemerkt und ärgert sich darüber. Nach dem Meeting bittet er den Mitarbeiter zu sich und konfrontiert diesen mit folgendem

Feedback: „Sie sind immer nur negativ eingestellt und verschließen sich von vornherein gegenüber neuen Ideen. Das kommt weder bei mir noch bei ihren Kollegen gut an." Der Mitarbeiter empfindet diese Kritik als unfair und kontert trotzig: „Man wird ja wohl noch mögliche Probleme aufzeigen dürfen. Oder sollen wir einfach zu allem unreflektiert Ja und Amen sagen?" Damit sind die Fronten verhärtet, geklärt und erreicht wurde gar nichts.

In diesem Beispiel hat der Vorgesetzte durch Pauschalierungen (*Sie sind IMMER negativ eingestellt*) und seine Unterstellung (*... verschließen sich von vornherein gegenüber neuen Ideen*) den Ärger und Widerstand seines Mitarbeiters provoziert. Zudem verallgemeinert er und zieht Rückschlüsse von seiner Reaktion auf die der Kollegen. Damit verletzt er einige Grundregeln für die konstruktive Äußerung von Kritik, die wir uns im Folgenden näher anschauen werden.

Konstruktives Feedback berücksichtigt folgende Regeln:

Privatsphäre: Persönliches Feedback – egal ob Lob oder Kritik – sollte immer unter vier Augen gegeben werden. Es ist für die Person bestimmt, nicht für die Kollegen bzw. die Allgemeinheit. Eine Ausnahme ist, wenn Sie beispielsweise als Führungskraft das gesamte Team für die gemeinsame Anstrengung loben möchten.

Unmittelbarkeit: Geben Sie Feedback so zeitnah wie möglich. Eine abfällige Äußerung des Kollegen verletzt Sie? Sagen Sie ihm das gleich, nicht eine Woche später, wenn er sich gar nicht mehr an die Begebenheit erinnern kann.

Beobachtung: Konstruktives Feedback beschreibt zuerst sachlich das von Ihnen beobachtete Verhalten – ohne Interpretationen, Verallgemeinerung und Pauschalurteile. Die

Aussage „Du nörgelst andauernd an mir herum, weil du mich nicht magst" verletzt alle diese Gebote. Das Wort „andauernd" ist eine Verallgemeinerung und höchstwahrscheinlich auch eine Übertreibung, dass der Kollege Sie nicht mag eine Annahme und das Wort „nörgeln" signalisiert, dass Sie die Kritik für unangebracht halten. Derartige Aussagen provozieren Rechtfertigungen und Widerspruch und machen es Ihrem Gegenüber schwer, Ihr Feedback anzunehmen. Überlegen Sie stattdessen, welches konkrete Verhalten des Kollegen dieses Gefühl bei Ihnen ausgelöst hat und versuchen Sie dieses sachlich in Worte zu fassen.

Persönliche Reaktion: Nachdem Sie das beobachtete Verhalten beschrieben haben, erläutern Sie Ihre persönliche Reaktion darauf. Welcher Eindruck entsteht bei Ihnen? Welche Gefühle werden bei Ihnen ausgelöst? Wichtig sind hier Ich-Botschaften statt Du-Botschaften. Beispiele für Erstere sind Formulierungen wie „Ich habe dann denn Eindruck, dass..." oder „Ich fühle mich dadurch..."; sie offenbaren persönliche Empfindungen. Du-Botschaften sind Aussagen wie „Du bist rücksichtslos" oder „Du konzentrierst dich nicht" und bewerten das Gegenüber. Wertschätzendes und angemessenes Feedback ist immer eine Beurteilung des Verhaltens bzw. der Sache, nicht der Person.

Appell: Sie geben Feedback, weil Sie sich eine Verhaltensänderung wünschen. Sagen Sie das auch klar und begründen Sie Ihren Wunsch. Wichtig dabei ist, dass Sie diese Verhaltensänderung erbitten, nicht aufzwingen. Im Idealfall ist mit dem Appell an die Verhaltensänderung auch ein Nutzen für Ihr Gegenüber verbunden.

Fokus: Manchmal gibt es eine Fülle von möglichen Feedbackpunkten. Denken Sie zum Beispiel an eine unerfahrene, sehr junge Mitarbeiterin, die ihr erstes Telefongespräch an der Kundenhotline führt. Naturgemäß finden sich wahrscheinlich mehrere Aspekte, die sie verbessern könnte. Als Führungskraft tun Sie aber gut daran, wenn Sie das Prinzip „die größten Baustellen zuerst" beherzigen. Überlegen Sie, mit welcher Verhaltensänderung die Mitarbeiterin den größten Effekt erzielen würde und fokussieren Sie sich darauf. Wer zu viele Punkte in sein Feedback verpackt, überfordert andere.

Kommen wir nochmals zurück zur oben beschriebenen Ausgangssituation und stellen wir uns vor, dass die Führungskraft ihr Feedback stattdessen so formuliert: „Als wir im Team Ideen zur Steigerung der Kundenerträge diskutiert haben, ist mir aufgefallen, dass Sie auf Vorschläge Ihrer Kollegen sofort Gründe vorgebracht haben, warum diese nicht funktionieren werden. Das hat mich geärgert und bei mir den Eindruck erweckt, dass Sie sich gegen neue Ansätze und Veränderung sträuben. Es ist wichtig, dass Sie potenzielle Schwierigkeiten aufzeigen. Wenn Sie künftig auch einen Fokus darauf legen, was wir tun könnten, um diese zu überwinden und die Ideen erfolgreich umzusetzen, würden wir alle noch mehr von Ihren Inputs profitieren und Sie würden damit eine konstruktive Diskussion anregen. Ich würde mich darüber freuen. Wie sehen Sie das?"

Hier versucht die Führungskraft Pauschalurteile zu vermeiden, erklärt, wie das Verhalten des Mitarbeiters auf sie wirkt und äußert einen klaren Appell. Abschließend fragt sie nach der Sichtweise ihres Gegenübers. In dieser Situation ist es deutlich wahrscheinlicher, dass der Mitarbeiter sein Verhalten reflektiert und Bereitschaft zeigt, dieses zu ändern. Seine Antwort lautet in diesem Fall vielleicht: „Ich wollte die Vorschläge keinesfalls abschmettern, mir war einfach wichtig, auch auf potenzielle Schwierigkeiten hinzuweisen. Aber ich verstehe, dass mein Verhalten diesen Eindruck erwecken kann. In Zukunft werde ich versuchen, nach dem Aufzeigen möglicher Probleme eine lösungsorientierte Diskussion einzuleiten." In diesem Fall ist es gelungen, eine für beide Seiten akzeptable Vereinbarung zu treffen.

Klares und konstruktives Feedback ist auch ein Schmiermittel für die reibungslose Zusammenarbeit im Team. Zahlreiche Missverständnisse und Konflikte wären vermeidbar, wenn die Beteiligten gewisse Aspekte ihrer Ausdrucksweise optimieren würden.

Wir haben schon gehört, dass jede Nachricht einen Sach- und einen Beziehungsaspekt umfasst. Der Kommunikationspsychologe Friedemann Schulz von Thun geht noch einen Schritt weiter. Er hat ein Modell entwickelt, demzufolge jede Nachricht aus vier Ebenen besteht und vom Empfänger mit vier unterschiedlichen „Ohren" (Vier-Ohren-Modell) gehört wird:

Sachebene: Auf dieser Ebene wird etwas über den Sachinhalt ausgesagt, der Sprecher vermittelt Daten, Fakten und Sachverhalte. Der Empfänger prüft die Nachricht auf Wahrheit, Relevanz und Informationsgehalt.

Selbstoffenbarung: Durch seine Nachricht gibt der Sender bewusst und unbewusst auch etwas über sich selbst preis. Jede Botschaft kann somit zur Deutung der Persönlichkeit des Sprechers verwendet werden. Der Empfänger achtet darauf, was die Nachricht über den Sprecher offenbart.

Beziehungsaspekt: Jede Nachricht sagt auch etwas über die Beziehung der Gesprächspartner aus und bringt zum Ausdruck, wie diese sich zueinander verhalten und zueinander stehen. Je nach Beziehungen schwingen somit Wertschätzung, Verachtung, Gleichgültigkeit und dergleichen mit. Der Empfänger entscheidet mit seinem „Beziehungs-Ohr", ob er sich kritisiert, bevormundet, respektiert etc. fühlt.

Appell: Mit dem Senden einer Botschaft möchte der Sprecher im Regelfall etwas bewirken. Dieser Versuch der Einflussnahme kann über eine offene Bitte bzw. Aufforderung oder verdeckt erfolgen. Der Empfänger fragt mit seinem „Appell-Ohr", was er nun tun, denken oder fühlen soll.

Betrachten wir eine alltägliche Bürosituation, die uns diese vier Ebenen verdeutlichen soll:

Ein Kollege informiert seine Kollegin: „Gleich gegenüber hat ein neues asiatisches Restaurant eröffnet." Welche Botschaften könnten hier mitschwingen?

- Sachebene: Gleich gegenüber hat ein neues asiatisches Restaurant eröffnet.
- Selbstoffenbarung: Ich mag asiatische Küche.
- Beziehungebene: Ich würde gerne mit dir die Mittagspause verbringen.
- Appell: Lass uns dort essen gehen.

Kommunikationsstörungen basieren auf Missverständnissen auf einer oder mehreren dieser Ebenen. Betrachten wir dazu folgende Situation: Die Controllingabteilung befindet sich mitten im Jahresabschluss, alle sind beschäftigt. Während des Druckens eines Berichts stellt ein Kollege fest, dass der Toner zur Neige geht und sagt: „Die Druckerpatronen sind auch schon wieder leer." Niemand reagiert, jeder arbeitet weiter. Nach einiger Zeit möchte der Kollege wieder etwas ausdrucken. Wütend steht er auf und keift in die Runde: „Gut, dann gehe halt ich ins Archiv und hole neue Druckerpatronen. Offenbar bin ich hier der Trottel vom Dienst." Der Rest des Teams ist vor den Kopf gestoßen und wirft einander vielsagende Blicke zu. Was ist hier passiert?

Auf der Sachebene war die Botschaft des Kollegen klar. Die Information, dass die Druckerpatronen leer sind, ist bei allen angekommen. Da er aber die restlichen drei Aspekte seiner Botschaft nicht ausgesprochen hat, wurden diese auch nicht so verstanden, wie er es sich gewünscht hätte. Die restlichen Teammitglieder haben folgende Botschaften gehört:

- Sachebene: Die Druckerpatronen sind leer.

- Selbstoffenbarung: Ich habe registriert, dass die Druckerpatronen leer sind. Da ich gerade den Drucker am meisten beanspruche, werde ich mich darum kümmern, denn wir haben alle viel zu tun.

- Beziehungsebene: Wir haben uns die Arbeiten aufgeteilt und alle viel zu tun. Jeder macht seinen Teil.

- Appell: Die Botschaft betrifft uns nicht unmittelbar.

Was der Rest des Teams nicht weiß, ist, dass der Vorstand bei diesem Kollegen kurzfristig noch einen Sonderbericht angefordert hat und diesen bis siebzehn Uhr erwartet. Er hat also im Vergleich zu den anderen besonders viel um die Ohren und gehofft, dass diese seine Aussage als Bitte verstehen, ihn zu unterstützen und ihm den Gang ins Archiv zu ersparen. Da er dies allerdings nicht klar kommuniziert hat, haben die anderen Teammitglieder die Selbstoffenbarung, Beziehungsebene und den Appell der Nachricht missverstanden.

Die Kommunikation wäre wesentlich effektiver gewesen, hätte er beispielsweise gesagt: „Die Druckerpatronen sind auch schon wieder leer (Sachebene). Ich bin etwas in Zeitnot, da ich für den Vorstand bis heute siebzehn Uhr noch einen zusätzlichen Sonderbericht anfertigen muss und habe noch einiges zu drucken (Selbstoffenbarung). Wir haben uns die Arbeit zwar aufgeteilt, ich brauche aber eure Unterstützung (Beziehungsebene). Kann bitte jemand für mich die Druckerpatronen im Archiv holen und austauschen (Appell)?"

In diesem Fall wäre es für den Rest des Controllingteams selbstverständlich gewesen, dass jemand den Kollegen unterstützt. Spielen wir die Szene nun noch einen Schritt weiter durch. Der besagte Mitarbeiter kommt zurück ins Büro und tauscht murrend die Druckerpatronen aus. Sein Verhalten nervt alle, eine Kollegin entschließt sich daher, ihm folgendes Feedback zu geben: „Du glaubst auch immer, dass du der Einzige bist, der hier arbeitet (Du-Botschaft / Pauschalierung / subjektive Interpretation). Wenn du Hilfe brauchst, dann sage das gefälligst und erwarte nicht, dass wir deine Gedanken lesen (subjektive Interpretation). Du nervst uns alle (Verallgemeinerung)." Der Kollege schmollt. Das ist der Dank dafür, dass er nicht nur den Sonderbericht übernommen hat, sondern auch noch die Druckerpatronen gewechselt hat. Er fühlt sich vom Team missverstanden, alleingelassen. Was bei ihm an Botschaft ankommt, ist: „Lass uns in Ruhe, du nervst."

Wie hätte die Kollegin ihre Kritik konstruktiver und ohne Pauschalierungen formulieren können? Hier eine mögliche Variante: „Du hast festgestellt, dass die Druckerpatronen leer sind (objektive Beobachtung). Ich habe das als reine Information aufgefasst und weiter gearbeitet (Ich-Botschaft).

Nach einiger Zeit hast du uns dann vorgeworfen, dass du selbst ins Archiv gehen musst und dich als Trottel vom Dienst fühlst (objektive Beobachtung). Ich empfinde das als ungerecht, denn ich habe den Eindruck, dass jeder von uns viel zu tun hat. Mir war auch nicht klar, dass deine Aussage eine Bitte um Unterstützung war (Ich-Botschaft). Wenn du derzeit besonders eingedeckt bist und gerne Hilfe hättest, dann sage das bitte klar (Appell). Dann können wir uns das ausreden und eine Lösung für die Arbeitsaufteilung finden (Nutzen)." Mit dieser Kritik hätte sie wahrscheinlich mehr erreicht.

Aber nicht nur konstruktive Kritik, auch konstruktives Lob will gelernt sein. Stellen Sie sich vor, Ihr Chef sagt zu Ihnen: „Ihr Bericht war klasse." Das wird Sie zwar freuen, aber was genau können Sie für Ihre zukünftige Arbeit daraus ableiten? Auch Lob erfordert Präzision, denn es soll positives Verhalten verstärken. Viel effektiver wäre es, Sie beispielsweise mit folgenden Worten zu loben: „Ihr Bericht war ausgezeichnet. Vor allem, wie Sie die Sachverhalte knapp auf den Punkt bringen und durch anschauliche Grafiken untermauern, ist sehr aussagekräftig und erleichtert mir die Interpretation. Genauso wünsch ich mir das." Damit haben Sie ein klares Bild davon bekommen, was bei Ihrem Vorgesetzten gut ankommt.

Beobachtungen ohne Wertung sachlich zu beschreiben, die eigene Reaktion unmissverständlich zu verdeutlichen und eine klare Bitte zu formulieren, gelingt möglicherweise nicht gleich auf Anhieb. Auch für das Feedback-Geben gilt: Übung macht den Meister. Ein wesentlicher Schritt zu konstruktiver Kritik ist, sich anzugewöhnen, alle vier Ebenen einer Botschaft bewusst auszusprechen. Die nachstehende Übung 1 soll Ihnen dabei helfen:

Übungen für konstruktive Kritik

Übung 1: Ergänzen Sie bei den nachfolgenden Sätzen die fehlenden Ebenen der Nachricht. Hier gibt es keine einzig richtige Lösung, versuchen Sie einfach, sich mögliche Aspekte zu überlegen:

„Ich muss heute pünktlich gehen."
Sachebene: _____
Selbstoffenbarung: _____
Beziehungsebene: _____
Appell: _____

„Wo sind die Unterlagen für die Besprechung?"
Sachebene: _____
Selbstoffenbarung: _____
Beziehungsebene: _____
Appell: _____

„Man sollte die Zahlen nochmals überprüfen."
Sachebene: _____
Selbstoffenbarung: _____
Beziehungsebene: _____
Appell: _____

Übung 2: Sie hören, wie ein Mitarbeiter an der Beschwerdehotline zum Kunden sagt: „Das geht nicht. Wir können nicht zaubern." Versuchen Sie nachstehendes Feedback so umzuformulieren, dass es klar Ihre Wahrnehmung, Ihre Reaktion darauf und einen Appell beschreibt:

„Wie redest du mit den Kunden! Du hast null Lösungsorientierung."

 **Good to know**

Die Kerninhalte konstruktiver Kritik und konstruktiven Lobs lassen sich in drei Schritte zusammenfassen:
Schritt 1: Wahrnehmung – Was habe ich wahrgenommen?
Schritt 2: Wirkung – Was hat dieses Verhalten bei mir ausgelöst?
Schritt 3: Wunsch – Was soll sich verändern bzw. beibehalten werden?

2.2 Die Macht der positiven Worte

Positiv zu formulieren bedeutet, dass Sie sagen, was Sie wollen, und nicht, was Sie nicht wollen. Positive Formulieren sorgen für mehr Klarheit, öffnen die Ohren der Adressaten und machen Kritik leichter annehmbar. Leider sind wir von Kindheit an geprägt, negativ zu formulieren. „Mach das neue Kleid nicht gleich schmutzig" oder „Sei nicht so ungezogen" sind Aussagen, die wir wohl alle in ähnlicher Form schon einmal gehört haben. Es ist daher wenig verwunderlich, dass uns negative Formulierungen auch im Berufsalltag auf Schritt und Tritt begegnen. Da sagt etwa der Verkäufer zur Kundin: „Sie werden sehen, die Umgang mit diesem CRM-System ist gar nicht kompliziert", die Chefin mahnt: „Verlieren Sie diese Quittung bloß nicht" und die Dame an der Telefonhotline beschwichtigt: „Das ist überhaupt kein Problem." Derartige negative Formulierungen richten den Fokus genau auf das, was wir vermeiden wollen.

Dazu kommt, dass unser Gehirn Negationen – also Begriffe wie „nicht" oder „kein" nicht umsetzen kann. Denken Sie jetzt bitte nicht an ein Stück Schokoladentorte. Wenn Ihnen jetzt das Wasser im Mund zusammenläuft, sehen Sie, was damit gemeint ist. Unser Gehirn ist vom ersten Tag an optisch orientiert und kann nicht anders, als in Bildern zu denken. Es visualisiert geflissentlich jeden Reiz, bildet automatisch die passenden Assoziationen und ignoriert dabei das Wörtchen „nicht". Linguisten wissen das seit Jahrzehnten aus ihren Forschungen, Lehrer aus ihrer täglichen Erfahrung. Der Hinweis „nämlich schreibt man nicht mit h" führt mit ziemlicher Sicherheit zu genau diesem Fehler. Eine positive Sprache ist gehirngerecht, da Botschaft und Bilder übereinstimmen. Die Verneinung lässt in unserem Gehirn die gleichen Bilder entstehen wie die bejahende Aussage, was für Verwirrung sorgt. Worte sind Stellvertreter für echte Reize. Wir Menschen haben eigene Hirnbereiche, die extra für die Sprachproduktion und -verarbeitung zuständig sind. Spannend ist, dass in diesen Hirnarealen dieselben Neuronen abgefeuert werden, wenn wir etwas Trauriges erleben, davon hören oder daran denken. Worte können somit dieselben Gefühle erzeugen wie „echtes" Erleben.

Die Wirkung positiver und negativer Worte ist wissenschaftlich belegt und bildet die Grundlage für das Framing, einen mächtigen Mechanismus der Sprachwirkung. Damit ist folgendes gemeint: Sprache ist selten neutral, Worte haben stets eine positive oder negative Konnotation (Mitinformation). Denken wir beispielsweise an das Wort „Hund". Je nachdem, ob man ein Hundeliebhaber ist oder nicht und in Abhängigkeit davon, welche Erfahrungen man mit Hunden gemacht hat, schwingen bei dem Wort automatisch positive oder negative Assoziationen mit. Sich bewusst zu überlegen, bei welchen Worten welche Konnotationen mitschwingen, zahlt sich aus. Um sich das vor Augen zu führen, lassen Sie die folgenden Aussagenpaare auf sich wirken:

„Die Kosten für dieses Extra betragen …" – „Ihre Investition für diesen Mehrwert beträgt …"

„Unsere Marketingausgaben sind gestiegen." – „Wir haben die Investitionen in Markenbekanntheit erhöht."

Um die Wirkung von Framing zu verdeutlichen, stellen wir uns folgende Situation vor: Die Abteilungsleiterin informiert ihr Team über bevorstehende Neuerungen. Dazu wählt sie folgende Worte: „Es ist entschieden worden, dass wir KPIs zur Leistungsmessung einführen. Es geht dabei keinesfalls darum, Sie zu kontrollieren. Die Kennzahlen sollen einfach aufzeigen, wo etwaige Schwächen liegen. Das Ziel ist nicht, irgendwen wegen einer Nicht-Erreichung zu kritisieren und maßzuregeln, sondern Schulungsbedarf, aber auch Fehler in unseren internen Prozessen aufzuzeigen. Ich bin sicher, dass wir damit gewisse Ineffizienzen vermeiden können und die vorgegebenen Ziele besser erfüllen werden. Ich bitte Sie daher, dieser Neuerung nicht mit Ablehnung zu begegnen. Haben Sie Fragen?"

Vermutlich werden die Mitarbeiter nicht gerade in Begeisterungsstürme ausbrechen. Die Neuronen in ihren Gehirnen trommeln fleißig die Botschaften „Kontrolle", „Schwächen", „maßregeln", „Fehler", „Ineffizienzen" und „Ablehnung". Zusätzlich signalisieren die Formulierungen „entschieden worden" und „vorgegebenen Ziele besser erfüllen" Passivität und ein Diktat von höherer Stelle. Diesem Aspekt werden wir uns an späterer Stelle noch genauer widmen. Zuvor schauen wir uns zum Vergleich noch eine optimalere Formulierungsvariante an, die mit positiven Frames arbeitet:

„Ich habe gemeinsam mit unserem Vorstand entschieden, dass wir KPIs einführen, um unser aller Leistung transparenter zu machen. Dabei geht es vor allem darum, Entwicklungspotenziale aufzuzeigen und zu analysieren, wie wir unsere Stärken noch gezielter einsetzen können. Diese Kennzahlen ermöglichen es mir auch, einen etwaigen Schulungsbedarf zu erkennen und Sie so noch besser zu unterstützen. Ich gehe davon aus, dass wir dadurch auch Ansätze finden werden, wie wir unsere Prozesse noch effektiver gestalten können. Wir haben uns sportliche Ziele gesteckt und ich bin überzeugt, dass diese Maßnahme uns helfen wird, diese noch besser zu erreichen. Sie sind jetzt sicher schon neugierig auf Details und ich freue mich auf Ihre Fragen.“

Spüren Sie den Unterschied in der Wirkung? Selbstverständlich braucht es für die gewünschte Wirkung auch eine positive Ausstrahlung. Das Schöne an einer positiven Ausdrucksweise ist, dass sie auch in unserem Gehirn positiv besetzte Bilder entstehen lässt – und wie wir bereits wissen, spiegelt sich unser Inneres in unserer Körperhaltung, Mimik und Gestik wider. Wer sich einer positiven Ausdrucksweise bedient, wird auch von seiner Umgebung positiver wahrgenommen.

Kenneth Dunegan, Professor an der Cleveland State University, hat zudem herausgefunden, dass positiv formulierte Informationen (z. B. „30 unserer letzten 50 Forschungsprojekte waren erfolgreich“) dazu führen, dass Entscheidungen im Anschluss häufig automatisiert und ohne Einbeziehung des gesamten Problemumfangs getroffen werden. Bei negativen Formulierungen (z. B. „20 unserer letzten 50 Forschungsprojekte waren nicht erfolgreich“) werden Entscheidungen hingegen systematischer und kontrollierter getroffen, das heißt, es werden mehr Informationen und Aspekte berücksichtigt. Wenn Sie rasch ein Ja zu zusätzlichem Budget für

Ihr Forschungsprogramm wollen, stehen Ihre Chancen mit der positiv formulierten Variante deutlich besser.

Eine positive Wortwahl stärkt unsere Motivation, Denkleistung und Fokussierung. Wenn wir unserem Gehirn stattdessen mitteilen, was wir nicht wollen, reagiert es mit Verwirrung, denn es weiß nicht, was es anstelle dessen machen soll. Diese Tatsache ist besonders wichtig bei der Formulierung von (persönlichen) Zielen.

„Ich möchte in der Präsentation auf keinen Fall unsicher wirken", suggeriert sich die Kollegin und wundert sich dann darüber, dass ihre Stimme zittrig klingt.

„Wir wollen auf keinen Fall hinter der Konkurrenz zurückbleiben", versucht der Vorgesetzte sein Team anzuspornen und ist überrascht, dass die Motivation ausbleibt.

Aus diesen Gründen kommt auch Feedback besser an, wenn es positiv formuliert ist. Mit der Aussage: „Ihre Unpünktlichkeit stört mich" erzeugen Sie im Kopf des Adressaten kein positives Bild. Höchstwahrscheinlich wird sich der Mitarbeiter unwohl oder demotiviert fühlen. Sagen Sie stattdessen: „Pünktlichkeit hat für mich einen hohen Stellenwert. Ich würde unsere Zusammenarbeit noch mehr schätzen, wenn Sie sich an zeitliche Absprachen halten", lösen Sie ganz andere Emotionen und Kopfbilder aus. Durch dieses positive Framing fällt es dem Mitarbeiter leichter, Ihre Kritik anzunehmen.

Besonders wichtig ist eine positive Ausdrucksweise auch in Verkaufsgesprächen – Verkaufserfolg hat schließlich viel damit zu tun, die richtigen Bilder in den Kopf des Kunden zu zaubern. Trotzdem kommen Verkäufern oft unbedacht negative Formulierungen über die Lippen, wodurch das

Gespräch nicht optimal verläuft und unter Umständen sogar die Chance auf den Abschluss verspielt wird. Positive Worte können hingegen Entscheidungssicherheit geben, bestärken und zum Handeln anregen.

Stellen wir uns folgende Konversation vor:

Verkäuferin: „Mit unserem CRM-System vermeiden Sie es, Ihre Vertriebsressourcen bei den falschen Kunden einzusetzen und Verkaufschancen liegenzulassen. Das System ist unkompliziert aufgebaut, Ihr Vertriebsteam wird keine Probleme mit der Dateneingabe und Erstellung von Auswertungen haben."

Kunde: „Na ja, und was kostet das Ganze?"

Verkäuferin: „X Euro. Aber Sie müssen bedenken, dass Sie die Kosten durch Mehrverkauf und höhere Vertriebseffizienz in spätestens einem Jahr wettgemacht haben."

Durch die negative Ausdrucksweise entsteht im Kopf des Kunden ein Bild von falsch eingesetzten Vertriebsressourcen, liegen gelassenen Verkaufschancen und Problemen bei der Dateneingabe und Auswertung. Zudem ist das Wort „Kosten" negativ behaftet und das Wort „müssen" erzeugt inneren Widerstand, denn niemand möchte gerne etwas müssen. Der Kunde fühlt sich unsicher und wird mangels positiver Gefühle keine Kaufentscheidung treffen. Mit nur einigen kleinen Änderungen lässt sich eine gänzlich andere Wirkung erzielen, indem durch positives Framing verkaufsförderliche Assoziationen entstehen:

Verkäuferin: „Unser CRM-System unterstützt Sie dabei, Ihre Vertriebsressourcen bei den richtigen Kunden einzusetzen und Verkaufschancen optimal zu nutzen. Das System ist einfach und selbsterklärend, dadurch werden Dateneingabe und die Erstellung von Auswertungen für Ihr Vertriebsteam zum Kinderspiel."

Kunde: „Interessant, und was kostet das Ganze?"

Verkäuferin: „X Euro. Dieser Betrag ist gut investiert. Im Schnitt rentiert sich diese Investition bei unseren Kunden bereits innerhalb eines Jahres durch Mehrverkauf und gesteigerte Vertriebseffizienz."

In diesem Fall stehen die Chancen auf einen Geschäftsabschluss deutlich besser.

Positiv – im Sinne von wirkungsvoll – zu formulieren bedeutet auch aktiv zu formulieren. Erinnern Sie sich an die Abteilungsleiterin aus unserem Beispiel, die ihrem Team die Einführung von KPIs schmackhaft machen will? Mit der passiven Formulierung „es ist entschieden worden" reduziert sie ihren Anteil am Ergebnis und distanziert sich damit von diesem. Beruflich erfolgreiche Menschen übernehmen hingegen Verantwortung und zeigen durch aktive Formulierungen Kompetenz. Die nachfolgenden Aussagenpaare sollen das verdeutlichen:

„Die Zusammenarbeit in unserem Team hat sich verbessert."	„Wir haben im Team intensiv an der Verbesserung unserer Zusammenarbeit gearbeitet."
„Es wäre ratsam..."	„Ich empfehle, dass..."
„Das Projekt wurde erfolgreich abgeschlossen."	„Ich habe das Projekt zu einem erfolgreichen Ergebnis geführt."

Genauso sollten Sie die Verantwortung auch für Pannen übernehmen. Statt etwas zu sagen: „Ich kann nichts dafür, die Zahlen, die ich bekommen habe, waren falsch", beweisen Sie wesentlich mehr Kompetenz und Eigeninitiative, wenn Sie Ihre Aussage in: „Ich habe festgestellt, dass das Zahlenmaterial, von dem ich ausgegangen bin, fehlerhaft ist. Ich arbeite schon daran, die Grunddaten zu überprüfen und richtigzustellen" abändern.

Auch bei Lob oder Kritik erzielen Sie mit aktiven Formulierungen eine stärkere Wirkung. „Wir alle haben Ihren Vorschlag sehr überzeugend gefunden" klingt deutlich positiver und ernst gemeinter als „Ihr Vorschlag wurde wohlwollend aufgenommen." Dasselbe gilt auch im Fall von Kritik. Vergleichen Sie selbst die Aussagen „Ihr Vorschlag war nicht annehmbar" und „Ich habe Ihren Vorschlag abgelehnt, da er aufgrund des Zeitlimits nicht umsetzbar ist." Mit welcher wirkt der Sprecher klarer, überzeugender und kompetenter?

In der telefonischen Kundenbetreuung sowie im Beschwerdemanagement ist es besonders wichtig, Lösungsorientierung zu vermitteln. Eine lösungsorientierte Einstellung und Aktivität gehen Hand in Hand. Wer passive durch aktive Formulierungen ersetzt und auf eine positive Ausdrucksweise achtet, wirkt deutlich engagierter und kundenorientierter. Die folgenden Aussagenpaare sollen das verdeutlichen:

„Der Betrag wird Ihnen rückerstattet."	„Ich veranlasse umgehend eine Rücküberweisung des Betrages auf Ihr Konto."
„Sie werden informiert, sobald der Sachverhalt geklärt ist."	„Ein Mitarbeiter aus der Technik wird sich bei Ihnen melden, sobald wir eine Lösung gefunden haben."
„Da muss ich erst nachschauen."	„Ich kläre das umgehend und gebe Ihnen Bescheid."
„Das ist überhaupt kein Problem."	„Das mache ich sehr gerne."

Auch die Art, wie wir sprechen, hinterlässt bei unserem Gegenüber einen Eindruck. Ertappen Sie sich dabei, dass Sie häufig Konjunktive und Füllwörter wie „vielleicht" oder „eventuell" benutzen? Versuchen Sie, dies künftig zu vermeiden, denn damit erwecken Sie bei Ihrem Gesprächspartner leicht den Eindruck, unsicher zu sein. Wer Konjunktive und Füllwörter verwendet, schwächt sein Gesagtes dadurch selbst ab. Vergleichen Sie dazu die folgenden Aussagen:

„Ich finde, wir könnten vielleicht eine Pull-Strategie probieren."

„Ich schlage vor, eine Pull-Strategie zu probieren."

Streichen Sie unnötige Füllwörter und Konjunktive aus Ihrem Wortschatz und Sie werden merken, wie Ihre Sätze klarer werden und Sie mehr Bestimmtheit vermitteln. Damit finden Sie auch leichter Gehör, was letztlich wiederum zu einem höheren Selbstbewusstsein führt.

Abschließend wollen wir das Augenmerk noch auf ein kleines Wörtchen lenken, dessen vier Buchstaben es allerdings in sich haben, denn sie können eine positive Atmosphäre in Nullkommanichts zunichtemachen. Die Rede ist vom Wort „aber". Es schwächt alles vor dem Komma Gesagte ab oder verkehrt es ins Gegenteil. Führen Sie sich einmal die Wirkung der nachstehenden Aussagen vor Augen:

„Ich bin völlig Ihrer Meinung, aber ..."

„Ihr Vorschlag gefällt mir sehr gut, aber ..."

„Ich schätze Sie als Mitarbeiterin, aber ..."

Sie merken sicher, dass das Gesagte nicht sehr glaubwürdig wirkt und das Wort „aber" dazu führt, dass die gesamte Aussage eine negative Färbung bekommt.

Zudem programmiert „aber" Ihr Gegenüber auf Konfrontation. Gleiten Gespräche und Diskussionen in „ja, aber" ab, ist das ein Warnsignal dafür, dass Lösungsorientierung durch ein Rechthabe-Match abgelöst wurde und es nur mehr darum geht, das letzte Wort zu haben. In diesem Fall wird es dann schwer, die Kommunikation wieder in eine konstruktive Richtung zu lenken.

Am besten ersetzen Sie „aber" durch „und" oder „gleichzeitig" und vermeiden dadurch, dass sich der positive Aspekt Ihrer Aussage in sein Gegenteil verkehrt:

„Ich bin völlig Ihrer Meinung. Gleichzeitig möchte ich folgenden Aspekt einbringen ..."

„Ihr Vorschlag gefällt mir sehr gut und genau aus diesem Grund ..."

„Ich schätze Sie als Mitarbeiter und deshalb ist es mir wichtig, dass ...“

Übungen für eine positive Ausdrucksweise

Übung 1: Finden Sie für die nachstehenden Formulierungen positive Varianten:

Ich will den Projektbeginn nicht verschieben.

_____

Machen Sie sich keine Sorgen.

_____

Wir wollen Fehler und Probleme aufdecken.

_____

Da ist ein Fehler drinnen.

_____

Ich habe nichts dagegen.

_____

Das ist schwer möglich.

_____

Da muss ich mich erst erkundigen.

_____

Wann müssen wir anfangen?

Es wurde beschlossen, die Marketingausgaben zu erhöhen.

Übung 2: Achten Sie im Alltag einmal bewusst auf Frames. Besonders gut eignen sich dafür Zeitungsmeldungen oder Gespräche (gesellschafts-)politische Themen. Erkennen Sie Worte, die Sie oder andere verwenden, die eine Bewertung implizieren oder eine Denkrichtung vorgeben? Überlegen Sie sich ganz bewusst, welche Motive dahinterstecken und welche Formulierungsalternativen es gibt. Überlegen Sie dabei einmal neutralere Alternativen und einmal Alternativen, die ein entgegengesetztes Framing erreichen; z. B. Erderwärmung (höhere Temperaturen waren anfangs für viele mit positiven Assoziationen verbunden) – Klimawandel (neutral, da ein Wandel positive oder negative Folgen haben kann) – Klimakrise (das Wort Krise ist eindeutig negativ besetzt und suggeriert Handlungsbedarf).

Good to know

So optimieren Sie Ihre Ausdrucksweise:
Sagen Sie, was Sie wollen, nicht, was Sie nicht wollen.
Formulieren Sie aktiv statt passiv.
Achten Sie auf die mit Begriffen verbundenen Assoziationen (Framing).
Vermeiden Sie das Wort „müssen".
Vermeiden Sie das Wort „aber".
Vermeiden Sie Füllwörter.

2.3 Wortschatz erweitern

Wir haben schon gehört, dass Sprache eine starke Wirkung erzeugt. Worte sind weit mehr als Schallwellen, sie aktivieren Nervenzellen in unserem Gehirn, lassen Bilder vor unserem geistigen Auge entstehen und schicken ihre Signale bis in den letzten Winkel unseres Körpers. Psychologische Automatismen, unbewusste Assoziationen und neurologische Verknüpfungen sorgen dafür, dass das gesprochene, gehörte oder gelesene Wort direkten Einfluss auf unser Denken sowie Erleben und damit unser Verhalten nimmt.

Es liegt auf der Hand, dass ein umfangreicher Wortschatz zu mehr Sprachmacht und Sprachwirkung verhilft und das rhetorische Potenzial des Sprechers vervielfacht. Wer seinen Grundwortschatz bewusst erweitert und ein umfangreiches Vokabular verwendet, spricht präziser und nuancierter, überzeugender und gewinnender. Menschen, die sich gebildet ausdrücken und ihre Ideen, Ziele, Erwartungen oder Gefühle klar artikulieren können, sind beruflich erfolgreicher, denn Sprachkompetenz und Wortschatz gelten vielfach als Indikator für Intelligenz und soziale Herkunft. Umgekehrt bedeutet das, dass Sie durch gezielte Arbeit an Ihrer Ausdrucksweise Ihre Aufstiegschancen erhöhen können.

Ein Grundwortschatz von rund tausend Wörtern reicht im Regelfall aus, um sich in einem fremden Land in Alltagskommunikationssituationen verständlich zu machen. Muttersprachler verwenden in ihrem aktiven Wortschatz im Schnitt zwischen zwölftausend und sechzehntausend Wörter. Hingegen beläuft sich unser passiver Wortschatz – Ausdrücke, die wir verstehen, aber nicht aktiv benutzen – auf ungefähr fünfzigtausend Wörter. Dem gegenüber wird der Gesamtumfang des deutschen Vokabulars auf rund dreihunderttausend Wörter geschätzt. Der Löwenanteil dieses Angebots bleibt aber leider ungenutzt.

Je umfassender unser Wortschatz, desto zielgerichteter und verständlicher gelingt der Informationsaustausch und desto weniger Missverständnisse entstehen. Wir verstehen nicht nur mehr, sondern wir können uns auch besser mitteilen. Je flexibler Sie formulieren können, desto leichter fällt es Ihnen zudem, Ihre Wirkung zu steuern und an die Adressaten sowie die Situation anzupassen – von kumpelhaft bis kompetent, von souverän bis authentisch und offen.

Ein weiterer Vorteil eines breiten Wortschatzes ist die Möglichkeit der Variation. Das psychologische Gesetz der abnehmenden Reizwirkung besagt, dass ein Reiz bei ständiger Wiederholung an Wirkung verliert. Das dritte Glas Wasser schmeckt dem Durstigen weit weniger als das erste. Dieses Gesetz gilt nicht nur im alltäglichen Leben, sondern auch im Redestil. Stellen wir uns dazu folgende Rede einer Führungskraft vor: „Unser Humankapital ist die Basis für unseren zukünftigen Erfolg. Wenn wir auch in den kommenden Jahren erfolgreich sein wollen, müssen wir jetzt beginnen, in unser Humankapital zu investieren. Zukünftiger Erfolg verlangt Investitionen in Weiterbildung sowie eine attraktive Positionierung gegenüber Bewerbern und damit unserem zukünftigen Humankapital."

Die Worte Humankapital, zukünftig und Erfolg wurden hier überstrapaziert und büßen damit an Wirkung ein. Je mehr Vokabeln wir zur Verfügung haben, desto mehr Synonyme (Ausdrücke mit gleicher bzw. sehr ähnlicher Bedeutung) haben wir für jedes Wort parat. Dadurch können wir Inhalte abwechslungsreicher vermitteln und desto leichter fällt auch der Perspektivenwechsel in der täglichen Überzeugungsarbeit. Ein differenzierter Sprachschatz ist Voraussetzung, um unterschiedliche Adressaten zu erreichen.

Als Vergleich dazu eine Variante mit einer vielschichtigeren Wortwahl: „Unsere Mitarbeiter sind die Basis für unsere zukünftigen Gewinne. Wenn wir auch in den kommenden Jahren erfolgreich sein wollen, müssen wir jetzt beginnen, in unser Humankapital zu investieren. Die Ergebnisse von morgen verlangen heute Ressourcen für Weiterbildung, aber auch eine attraktive Positionierung gegenüber Bewerbern und damit den Menschen, deren Leistung und Knowhow unsere Zukunft formen."

Eine gebildete, eindrucksvolle Sprache zeichnet sich zudem durch folgende Charakteristika aus:

- häufige Verwendung von Adjektiven und Adverbien
- umfangreicher Wortschatz

- lebendige, anschauliche Beschreibung
- wohldosierter Einsatz von Fachvokabular
- Vermeidung von Füllwörtern

Ein reicher Wortschatz zeugt nicht nur von Bildung. Wenn Sie in der Lage sind, abwechslungsreich zu erzählen und Inhalte anschaulich, ohne ermüdende Wortwiederholungen zu vermitteln, hört man Ihnen lieber zu. Da Adjektive die Beschaffenheit von Dingen, Zuständen, Vorgängen oder abstrakten Sachverhalten beschreiben, kommt ihnen eine besondere Bedeutung zu. Die nachstehenden Dialoge sollen das illustrieren:

Chefin: „Was sagen Sie zur Präsentation der Kollegin?"

Mitarbeiter: „Ich habe sie, ähm, sehr gut gefunden."

Chefin: „Und was genau hat Ihnen gefallen?"

Mitarbeiter: „Nun ja, Ihr Vortrag und die Vorschläge waren sehr gut."

Danach fragt die Chefin einen weiteren Mitarbeiter nach seiner Meinung.

Chefin: „Was sagen Sie zur Präsentation der Kollegin?"

Mitarbeiter: „Ich war äußerst beeindruckt."

Chefin: „Und was genau hat Sie beeindruckt?"

Mitarbeiter: „Der Vortrag war unheimlich lebendig gestaltet und ich empfinde die Vorschläge der Kollegin als höchst kreativ, unkonventionell und zugleich umsetzbar."

Welchen ihrer beiden Mitarbeiter wird die Vorgesetzte wohl als intelligenter und kompetenter einstufen?

Synonyme zu verwenden, macht Sinn, denn unterschiedliche Worte, auch wenn sie nahezu dasselbe bedeuten, können doch subtile Nuancen zum Ausdruck bringen. Lassen Sie die folgenden Aussagen auf sich wirken und spüren Sie die feinen Unterschiede:

„Ihre Leistung war sehr gut."
„Ihre Leistung war beeindruckend."
„Ihre Leistung war überdurchschnittlich."
„Ihre Leistung war rundum überzeugend."
„Ihre Leistung war äußerst lobenswert."

Eloquenz oder Wortgewandtheit basiert auf einem umfangreichen Vokabular. Das Schöne ist, dass Sie sich dieses in jedem Alter aneignen können. Synonyme ermöglichen Ihnen eine präzisere Ausdrucksweise und trainieren zusätzlich Ihr Gehirn. Neurowissenschaftler weisen darauf hin, dass Intelligenz weniger mit der Anzahl unserer Gehirnzellen zu tun hat, sondern viel mehr mit der Schnelligkeit, mit der wir zwischen ihnen Querverbindungen herstellen können. Fallen Ihnen zum Wort Erfolg gleich drei Synonyme ein, hat Ihr Gehirn rasch drei Querverbindungen geschafft.

Längere, komplexere Sätze sowie mehr Fremdwörter werden ebenfalls mit einem gebildeten Sprachstil assoziiert. Hier ist aber Vorsicht geboten. Wer beständig lange, verschachtelte und komplizierte Sätze aneinanderreiht, macht es seinen Zuhörern schwer, ihm zu folgen. Ein Vergleich gefällig?

Längere, komplexere Sätze sowie mehr Fremdwörter werden ebenfalls mit einem gebildeten Sprachstil assoziiert, weshalb hier Vorsicht geboten ist, denn wer beständig lange, verschachtelte und komplizierte Sätze aneinanderreiht, macht es seinen Zuhörern schwer, ihm zu folgen, was ich nun anhand dieses Exempels demonstriert habe.

Auch Fremdwörter und Fachausdrücke sind ein zweischneidiges Schwert. Ihre Verwendung sollte stets an das Publikum angepasst werden. Während Fachausdrücke im Expertenkreis durchaus angebracht sind und geschickte eingestreute Fremdwörter ein gewisses Bildungsniveau signalisieren, kann ihre Verwendung auch kontraproduktiv sein. Wenn die Vorstandsvorsitzende beispielsweise den neuen Lehrlingen in der Produktion verkündet, dass sie mit Diligenz und Perseveranz im Unternehmen reüssieren werden, wird sie höchstwahrscheinlich nicht verstanden sowie als abgehoben und arrogant gesehen werden.

Seine Eloquenz zu verbessern und durch die bewusstere Erweiterung des eigenen Wortschatzes die eigene Wirkung zu optimieren, ist nicht nur möglich, sondern auch sinnvoll. Wichtig dabei ist nur, dass Sie Ihre natürlichen Sprachmuster nicht krampfhaft und zu stark verstellen. Büßen Sie dabei nämlich Ihre Authentizität ein, schlägt der positive Effekt schnell ins Gegenteil um. Wichtig ist daher, dass Sie nur Wörter und Phrasen verwenden, mit denen Sie sich auch wohlfühlen, denn Ihre Sprache macht Sie auch einzigartig.

Der Linguist Hans P. Krings von der Universität Bremen unterscheidet bei unserer Sprache folgende Stufen:

Vulgäre Sprache – z. B. „fressen"
Populäre Sprache – z. B. „verdrücken"
Familiäre Sprache – z. B. „schnabulieren", „sich stärken"
Standardsprache – z. B. „essen"

Gehobene Sprache – z. B. „speisen", „tafeln"
Literarische Sprache – z. B. „soupieren"

Vulgäre, populäre oder familiäre Sprache sollten Sie im Berufsleben tunlichst vermeiden. Bereits die Standardsprache öffnet Ihnen jedoch unter Umständen viele Türen, da Sie mit diesem Sprachstil sympathisch, authentisch und nahbar wirken. Standardsprache ist besonders unter Kollegen auf gleicher Hierarchieebene angebracht. Eine gehobene Sprache oder sogar das sogenannte Business-Deutsch (Bürosprache) lässt Sie im beruflichen Kontext jedoch deutlich intelligenter, professioneller und kompetenter wirken. Vor allem gegenüber Vorgesetzten sollten Sie darauf zurückgreifen, denn sympathisch rüberzukommen ist zwar schön, Karriere zu machen erfordert aber häufig, dass Sie gebildet und eloquent wirken.

Worte verfügen über Gewicht und Stärke. Ihnen wohnt eine gewisse Magie inne, denn sie schaffen Eindruck und erzeugen Stimmungen. Wer mit einem gezielten Training seinen Wortschatz vergrößert, erweitert damit automatisch auch sein Denkvermögen. Je flexibler zu denken und zu sprechen wir in der Lage sind, desto flexibler können wir auch handeln. Grundlage hierfür ist ein neues Verständnis für unser eigenes Wort-Bewusstsein, indem wir einmal ganz gezielt auf unsere Sprachmuster achten.

Sprache ist also ein entscheidender Faktor auf dem Weg zum beruflichen Erfolg. Eine wortgewandte Ausdrucksweise und die wohldosierte Nutzung von Fremdwörtern lassen Sie intelligent und kompetent wirken. Es zahlt sich daher aus, Ihren Wortschatz zu erweitern und Ihre rhetorischen Fähigkeiten zu trainieren. Das Schöne ist, dass jeder mit etwas Übung und Ambition von der Standardsprache zur gehobenen Sprache wechseln und dadurch intellektuell wirken kann, ohne einen abgehobenen, arroganten oder besserwisserischen Eindruck zu hinterlassen.

Aber wie können Sie Ihren Wortschatz am effektivsten trainieren? Die nachstehenden Übungen sollen Ihnen zahlreiche Möglichkeiten aufzeigen. Den größten Erfolg werden Sie haben, wenn Sie mehrere davon kombinieren.

Übungen zur Erweiterung des Wortschatzes

Übung 1: Werden Sie zum Wortsammler und nutzen Sie Synonyme. Achten Sie einmal bewusst darauf, welche abgenutzten Gewohnheitsvokabeln Sie in Ihrer familiären und Standardsprache verwenden. Suchen Sie nach Alternativen zu diesen altbekannten Standard-Vokabeln. Anstatt zu sagen „ich esse", überlegen Sie, mit welchen anderen Verben Sie bewusst eine gewisse Atmosphäre zum Ausdruck bringen können. Genießen, naschen oder schlingen Sie? Stopfen Sie schnell etwas in sich hinein, stillen Sie Ihren Hunger, speisen Sie oder knabbern Sie eine Kleinigkeit? Diese Übung führt rasch zum Erfolg und Sie werden sehen, wie sich ihr Grundwortschatz erweitert.

Beachten Sie dabei: Genauso wie es für den Aufbau von Muskelmasse wenig hilfreich ist, sich im Internet Fitness-Videos anzuschauen, bringt es wenig, online nach sinngleichen Wörtern zu suchen. Neue Neuronenverbindungen, die es Ihnen ermöglichen, in Gesprächssituationen Synonyme parat zu haben, schaffen Sie am effektivsten, wenn Sie sich in Ihrem eigenen Gehirn auf die Suche nach Wortalternativen machen. Erst wenn Sie an einem Punkt angelangt sind, an dem Ihnen trotz Grübelei nichts mehr einfällt, dürfen Sie sich online Hilfe holen und die von Ihnen selbst gefundenen Synonyme durch weitere ergänzen.

Übung 2: Wortspiele wie Scrabble, Kreuzwort oder Tabu sind unterhaltsame und effektive Wege, um Ihren Wortschatz zu erweitern. Sie können sich selbst auch kleine Wort-Aufgaben stellen: Wie viele Tiere mit sechs Buchstaben fallen Ihnen ein? Wie würden Sie Ihren Nachbarn beschreiben? Charmant, einfältig, mürrisch, streitsüchtig, hilfsbereit, verlässlich, zurückgezogen, ...? Was ist das Gegenteil von geschwätzig? Das Gegenteil von emsig?

Übung 3: Lesen Sie – und zwar am besten laut. Ob Roman, Krimi, Sachbuch oder Biografie, ist dabei völlig egal. Allerdings sollten Sie hin und wieder mal das Genre wechseln, da sich alle einer spezifischen Sprachwelt bedienen. Daher werden Sie als Liebhaber historischer Romane rasch mit Begriffen wie Wams, Harnisch oder Karosse vertraut sein. Ein neues Themengebiet eröffnet Ihnen hingegen wieder neue Sprachwelten. Wenn Sie sich den Text selbst laut vorlesen, prägen Sie sich die neuen Vokabeln besonders gut ein.

Übung 4: Achten Sie darauf, präzise zu sprechen. Worte wie „gut" oder „sehr" sagen wenig aus. Auch die Hilfsverben „haben", „sein" und „werden" vereinfachen zwar die Alltagssprache, rauben ihr aber auch einiges an Ausdruckskraft. Verbessern Sie Ihre Sprachwirkung und drücken Sie sich nuancierter aus, indem Sie diese Wörter vermeiden und durch aussagekräftigere ersetzen. Aus „Ich habe keine Antwort darauf" wird dann beispielsweise „Mir fällt darauf keine Antwort ein".

Good to know

Sagen Sie nicht ...,	sondern ...
sehr gut	ausgezeichnet, hervorragend, eindrucksvoll, ...
sehr wichtig	essenziell, wesentlich, entscheidend, ...
sehr viel	massenhaft, bergeweise, en masse, ...
sehr groß	enorm, gigantisch, exorbitant, ...

Hier noch eine Liste von fünfzehn Fremdwörtern, die in der Businesswelt häufig verwendet werden:

adaptieren	anpassen (z. B.„ein Tool an unsere Anforderungen adaptieren")
adäquat	angemessen (z. B.„eine adäquate Entlohnung")
ambitioniert	ehrgeizig (z. B.„ambitionierte Ziele")
effektiv	wirksam (z. B.„diese Strategie ist äußerst effektiv")
evident	offenkundig (z. B.„die Ursache ist evident")
explizit	ausdrücklich (z. B.„das steht explizit in den Bedingungen")
gravierend	schwerwiegend (z. B.„die Folgen sind gravierend")
homogen	einheitlich (z. B.„das Bildungsniveau in der Abteilung ist sehr homogen")
Konsens	Einigkeit (z. B.„in der Geschäftsführung herrscht Konsens über ..."
Kontext	Zusammenhang (z. B.„in diesem Kontext macht das Sinn")
Lapsus	Fehler (z. B.„da ist ihm ein Lapsus unterlaufen")
lukrativ	gewinnbringend (z. B.ein lukratives Geschäft")

penibel	peinlich genau (z. B.„die Kollegin ist äußerst penibel")
stagnieren	stillstehen (z. B.„unsere Entwicklung stagniert")
trivial	simpel, altbekannt (z. B.„der Vorschlag ist ziemlich trivial")

Drittes Gesetz

Sich zielgerichtet und prägnant ausdrücken

Viele berufliche Situationen erfordern von uns, unsere eigenen Argumente überzeugend auf den Punkt zu bringen. Zielgerichtet kommunizieren bedeutet unter anderem, Kommunikationstechniken und -strategien zur richtigen Zeit und situationsadäquat einzusetzen. Dies gilt genauso für die direkte Kommunikation mit einem Gesprächspartner, den Sie mit Ihren Argumenten überzeugen wollen, wie für größere Verhandlungsrunden.

Ob Zweier- oder Dreiergespräche, Meetings, Verkaufsgespräche oder Diskussionen in größeren Runden, alle Gespräche weisen folgende Gemeinsamkeiten auf:

- Alle Gespräche verlaufen nach einer bestimmten Struktur.
- In jedem Gespräch verfolgen wir ein bestimmtes Ziel.
- Durch Vorbereitung verlaufen Gespräche erfolgreicher.

In sämtlichen Gesprächen kann es durch unklare Formulierungen oder einseitiges Hörverhalten zu Missverständnissen kommen.

Wir werden im nachfolgenden Kapitel sehen, dass eine angemessene Vorbereitung essenziell für den Gesprächserfolg ist. Wenn Sie ein Gespräch spontan „aus dem Bauch heraus" führen, kommt es nur zu leicht vor, dass Sie sich in Nebenthemen verlieren, Ihre Argumente ins Leere laufen und Sie Ihr Ziel aus den Augen verlieren und nicht erreichen. Im Berufsalltag arten Meetings und Debatten allzu oft zu zähen Diskussionen ohne Ergebnis aus. Wie oft haben Sie sich schon gewünscht, dass Ihr Gegenüber endlich auf den Punkt kommt? Wie oft haben Sie sich schon über sich selbst geärgert, weil Sie sich in Nebensächlichkeiten verloren und Dinge nicht direkt beim Namen genannt haben?

Eine zielgerichtete Ausdrucksweise ist immer auch verständlich. Friedemann Schulz von Thun, dessen Vier-Ohren-Modell wir bereits kennengelernt haben, hat Kürze und Prägnanz als wichtige Aspekte der Verständlichkeit definiert. Im Gegensatz zu einer umständlichen Ausdrucksweise zeichnet sich eine prägnante Formulierung dadurch aus, dass sie trotz ihrer Kürze einen hohen Bedeutungsgehalt aufweist. Auch dem Prägnanzgrad einer Aussage werden wir uns in folgenden Kapiteln noch genauer widmen.

Egal, ob es darum geht, Kunden, Kollegen oder Vorgesetzte zu überzeugen oder Zuhörer mit Ihrem Vortrag in den Bann zu ziehen, der Schlüssel zum Erfolg liegt in einer zielgerichteten und prägnanten Kommunikation. Diese ermöglicht Ihnen zudem, Ihren Einfluss geltend zu machen und, wenn es erforderlich ist, ein klares Machtwort zu sprechen. Mit Zielgerichtetheit und Prägnanz übernehmen Sie Verantwortung, vermeiden Endlosdiskussionen und gewinnen zudem an Schlagfertigkeit.

3.1 Die Sprache der Überzeugung

Wer andere überzeugen möchte, muss zuerst einmal selbst von sich und seiner Position überzeugt sein. Ihre Überzeugungswirkung hängt somit maßgeblich von Ihrer eigenen Überzeugung ab. Wenn Sie Zweifel an der Richtigkeit Ihrer Argumente haben, sollten Sie nach besseren Argumenten bzw. Beweisen für Ihre Argumentationslinie suchen. Auch sich von anderen Feedback einzuholen, kann hilfreich und erhellend sein. Wenn nötig, verschieben Sie den Besprechungstermin, um genügend Zeit für eine adäquate Vorbereitung zu haben. Ansonsten spüren Ihre Gesprächspartner und Adressaten Ihre Zweifel und stürzen sich sofort auf die Schwachstellen in Ihrer Begründung.

Überzeugung beruht auf klaren Zielen und Vorbereitung. Wer sich nicht darüber im Klaren ist, was er in einer Kommunikationssituation erreichen möchte und wer sein Gegenüber ist, büßt viel an Überzeugungswirkung ein. Daher sollten Sie sich vor jedem Gespräch folgende Fragen stellen:

• Was will ich in diesem Gespräch genau erreichen?

• Wer sind meine Gesprächspartner / Zuhörer?

• Was sind meine Nutzenargumente?

• Was sind mögliche Einwände und wie kann ich diese entkräften?

Die Vorbereitung auf eine Kommunikation mit nur einem Gesprächspartner ist in der Regel einfacher. Auch bei einem Meeting im Kollegenkreis werden Sie die Anwesenden normalerweise kennen und können sich gut vorbereiten. Bei Präsentationen vor einem großen Publikum empfiehlt es sich, im Vorfeld zu überlegen, ob Sie sich an Experten oder fachfremde Personen richten, welche Grundstimmung unter diesen zum Thema vorherrschend ist und welche Erwartungshalte diese mitbringen.

Aristoteles vertrat die These, dass Zuhörer auf drei unterschiedlichen Ebenen erreicht werden können:

- Pathos – das Erreichen der Zuhörer über deren Gefühle
- Ethos – die Überzeugung durch Glaubwürdigkeit
- Logos – die Überzeugung durch universelle Wahrheiten

Über dieses sogenannte „Rhetorische Dreieck" lassen sich Argumente aufbauen. Idealerweise fließen alle dieser drei Komponenten in die Argumentation ein. Schauen wir uns diese Aspekte etwas genauer an.

Pathos appelliert an die Emotionen der Zuhörer und basiert auf einer direkten Ansprache der Adressaten und deren Motiven. Hier schließt sich der Kreis zur Vorbereitung, denn nur wenn Sie die Ängste, Wünsche, Probleme, Motive und Visionen Ihrer Zuhörer kennen, können Sie eine emotionale Verbindung herstellen. „Das Geheimnis des Erfolges ist, den Standpunkt des anderen zu verstehen", wusste schon Henry Ford. Ihr Publikum ist emotional involviert, wenn es mit einbezogen wird bzw. Teil des Vortragsthemas oder der Lösung ist. Auf Pathos-Ebene sollten Sie Gemeinsamkeiten herstellen und zudem folgende Fragen beantworten: Warum sollen sich die Zuhörer mit dem Thema beschäftigen? Wie betrifft das Thema Ihr Gegenüber?

Ein berühmtes Beispiel für das gekonnte Spiel mit Pathos ist John F. Kennedys Rede, die er 1963 vor dem Rathaus

Schönberg in Westberlin hielt. Um die Solidarität der USA mit Westberlin zu unterstreichen, eröffnete er mit den Worten: „Ich bin ein Berliner." So weit müssen Sie natürlich nicht gehen, Brücken zu Ihrer Zuhörerschaft zu bauen, zahlt sich aber aus. Hier einige Anregungen:

„Ich nehme an, dass es Ihnen beim Thema Klimawandel ähnlich wie mir geht. Die Klimakrise bereitet Ihnen Sorgen und Sie möchten etwas gegen die fortschreitende Erderwärmung tun, gleichzeitig möchten Sie aber auch gewisse Annehmlichkeiten nicht aufgeben. In diesem Vortrag möchte ich Lösungsmöglichkeiten aufzeigen, wie Sie Ihren Beitrag leisten können, ohne Lebensqualität einzubüßen."

„Wir sitzen alle im selben Boot und möchten unsere Arbeitsplätze für die Zukunft sichern."

„Wenn wir jetzt mit vereinten Kräften die nötigen Maßnahmen anpacken, werden wir alle in diesem Raum davon profitieren. Sie, ich, jeder einzelne von uns."

„Auch ich habe meine Karriere als Lehrling in diesem Unternehmen begonnen."

Ethos erfordert, dass Sie das Vertrauen Ihres Gegenübers gewinnen. Ihre Glaubwürdigkeit basiert zu einem wesentlichen Teil darauf, dass Sie stimmige verbale und nonverbale Botschaften senden. Sämtliche Aspekte aus den Kapiteln über Stimme, Körperhaltung, Mimik und Gestik fließen hier ein. Ihr Publikum wird Sie darüber hinaus als vertrauenswürdiger einstufen, wenn es Ihnen gelingt, Gemeinsamkeiten herzustellen, denn wir vertrauen Personen, die uns ähnlich sind. Auch die Praxisnähe Ihrer Vorschläge unterstreicht, dass Sie vom Thema eine Ahnung haben. Beispiele, mit denen sich die Zuhörer aufgrund ihrer Alltagserfahrung identifizieren können, erleichtern Ihnen, diese über Ethos zu erreichen.

Ein Verkäufer könnte im Verkaufsgespräch beispielsweise erwähnen: „Ich sehe gerade, dass Sie Fotos aus der Toskana an der Wand hängen haben. Ich war mit meiner Familie vor zwei Jahren dort. Wie hat es Ihnen gefallen?"

Logos appelliert mit Zahlen, Daten, Fakten und logischen Argumenten an die Vernunft der Zuhörerschaft. Auf dieser Ebene geht es darum, bewusst die rationale Seite der Adressaten anzusprechen. Studien, Statistiken und andere fundierte Beweise untermauern die Wahrheit Ihrer Argumente. Einfachheit, Kürze und Prägnanz Ihrer Argumente spielen dabei eine bedeutende Rolle. Auf dieser Ebene sollten Sie auch Konsequenzen verdeutlichen und klarlegen, was passiert, wenn Ihre Vorschläge umgesetzt bzw. nicht umgesetzt werden.

Überzeugend wirken einfache, kurze und fesselnde Botschaften mit eindeutigen, starken und klar verständlichen Aussagen. Das erfordert, dass Sie die Dinge beim Namen nennen. Setzt man die Länge einer Rede zu ihren inhaltlichen Aussagen in Relation, ergibt sich der sogenannte Prägnanzgrad. Je kürzer und aussagekräftiger Ihre Darstellung ist, desto prägnanter wirkt sie. Allerdings darf durch die Kürze die Verständlichkeit nicht gefährdet werden, weshalb es wichtig ist, die (Vor-)Kenntnisse der Zielgruppe zu berücksichtigen. Schulz von Thun betrachtet in Bezug auf Verständlichkeit die Gegensätze Kürze / Prägnanz und Weitschweifigkeit, die er wie folgt definiert:

Kürze / Prägnanz: Eine Fülle an Information wird mit wenigen Worten kurz und bündig vermittelt. Das erfordert eine

Beschränkung auf das Wesentliche und trägt zur Verständlichkeit bei.

Weitschweifigkeit: Unnötige Worte, jedes Abschweifen vom Thema und ein sich Verlieren in Nebensächlichkeiten mindern die Verständlichkeit und damit den Eindruck Ihres Wortbeitrags.

Bevor wir uns dem strukturellen Aufbau von Argumenten widmen, fassen wir die wichtigsten Punkte des bisher Gesagten kurz zusammen:

Andere zu überzeugen erfordert, selbst überzeugt zu sein.

Klare Ziele und eine gute Vorbereitung sind die Grundlagen Ihrer Überzeugungswirkung.

Zuhörer können auf der Gefühlsebene (Pathos), durch Ihre Glaubwürdigkeit (Ethos) und durch die logische Richtigkeit Ihrer Argumente (Logos) überzeugt werden.

Kürze und Prägnanz Ihrer Botschaften fördern das Verständnis.

Ein weiterer wichtiger Aspekt Ihrer Überzeugungswirkung ist die Struktur Ihrer Argumente. Eine Möglichkeit, Ihre Argumentationslinie so aufzubauen, dass Ihre Gesprächspartner diese gut nachvollziehen können, sind gehirngerechte Argumentationsraster. Diese basieren auf logischen Gedankenabfolgen und erleichtern es Ihnen, Ihre Argumentation klar und zielgerichtet aufzubauen.

Folgende dreistufige Argumentationsraster lassen sich gut einsetzen:

- Lage – Ziel – Maßnahmen
- Problem – Grund – Lösung
- Vorteil – Nachteil – Fazit
- gestern – heute – morgen
- Forderung stellen – Forderung begründen – Maßnahmen benennen

Führen wir uns dazu ein konkretes Beispiel vor Augen: Sie wollen Ihren Chef überzeugen, dass er sich jeden Morgen zehn Minuten Zeit nimmt, um mit Ihnen den Tagesablauf und die Prioritäten der Aufgaben durchzugehen. Sie könnten sich dazu beispielsweise des dreistufigen Argumentationsrasters Problem – Grund – Lösung bedienen und Ihr Anliegen so formulieren: „Bei uns im Team geht täglich wertvolle Arbeitszeit für das Klären von offenen Fragen und damit verbundenen Unterbrechungen verloren. Der Grund dafür ist, dass wir keinen gemeinsamen Tagesplan und keine klar vorgegebenen Prioritäten haben. Wenn Sie sich in der Früh zehn Minuten für eine Besprechung Zeit nehmen, in der wir kurz durchgehen, was ansteht und was für Sie oberste Priorität hat, kann ich die Aufgaben im Team noch besser verteilen. Dadurch haben wir einen optimal koordinierten Tagesablauf und können noch effizienter arbeiten."

Ein anderes Beispiel folgt dem Argumentationsraster Vorteil – Nachteil – Fazit: „Unsere derzeitige klassische Marketingstrategie hat den Vorteil, dass wir mit den Instrumenten vertraut sind und wissen, wie diese wirken. Ein gravierender Nachteil ist allerdings, dass Werbespots und Plakatwerbung teuer sind und wir bei diesem undifferenzierten Massenmarketing beträchtliche Streuverluste in Kauf nehmen. Ich schlage daher vor, unsere Strategie zu ändern und in eine genaue Zielgruppenanalyse und eine Online-Marketing Beratung zu investieren. Wenn wir künftig stärker auf targeted Social-Media-Marketing setzen, können wir potenzielle Kunden viel zielgerichteter ansprechen und die Streuverluste auf ein Minimum reduzieren."

Aufgrund ihrer simplen Struktur eignen sich dreistufige Argumentationsraster ideal für spontane Meinungsäußerung und wenig komplexe Thematiken. Wer den Umgang mit ihnen beherrscht, kann sich im nächsten Schritt an fünfstufige Argumentationsraster wagen. Diese ermöglichen eine differenziertere Argumentation und bieten sich an, wenn Sie Zeit haben, Ihre Argumentationslinie vorzubereiten. Im Prinzip erweitern diese die dreistufigen Argumentationsraster um die Stufen Einstieg und Appell. Der Einstieg dient dazu, gleich zu Beginn einen Situationsbezug herzustellen und das Thema für die Adressaten relevant zu machen. Im Appell am Ende formulieren Sie eine Handlungsaufforderung und sagen Ihren Gesprächspartnern klar, was Sie von ihnen wollen.

Je komplexer oder kontroverser das Thema, desto fundierter müssen Sie Ihre Argumentationslinie begründen. Auch hier bietet sich ein fünfstufiges Argumentationsraster an, das folgender groben Struktur folgt: Situativer Einstieg – Argument 1 – Argument 2 – Argument 3 – Fazit und Appell. Hierbei sind jedoch einige zusätzliche Aspekte zu beachten.

Nachdem Sie das Thema im Einstieg für Ihr Publikum relevant gemacht haben und Ihrer Zuhörerschaft verdeutlicht haben, warum es für sie relevant ist, können Sie Ihre Argumentationskette einleiten. Damit Ihre Gesprächspartner gleich von Beginn an verstehen, worum es geht, sollten Sie nach dem Einstieg eine präzise formulierte These präsentieren. Damit stellen Sie sicher, dass der Ausgangspunkt Ihrer Argumentation glasklar und verständlich ist und Sie stellen gleich am Anfang klar, worum es Ihnen geht.

Danach gilt es, Ihre These mit Fakten zu untermauern. Je tiefer Ihre Begründung, desto besser, als Faustregel sollte sie mindestens fünf bis zehn Sätze umfassen. Wenn Sie Ihre These bzw. Ihren Vorschlag nicht hinreichend begründen, werden die Adressaten skeptisch. Speziell bei kontroversen Themen erhöht eine solide, ausführliche Begründung Ihre Chance, sich mit Ihren Ansichten durchzusetzen. Konzentrieren Sie Ihre Energie darauf, umstrittene Punkte umfassend zu begründen. Herrscht in Ihrem Unternehmen beispielsweise breiter Konsens darüber, dass es einen häufigeren Kontakt zu Ihren wichtigsten Kunden geben soll, brauchen Sie auf diesen Aspekt keine Begründungsarbeit zu verschwenden. Ist jedoch umstritten, woran die Wichtigkeit eines Kunden gemessen wird, brauchen Sie für Ihre Sichtweise solide, überzeugende Argumente.

Auch wenn es siebzehn Begründungen für Ihre These gibt, ist weniger mehr. Zu viele Punkte stiften nur Verwirrung und Ihr Publikum wird sich kaum an mehr als drei erinnern. Indem Sie sich von vornherein auf Ihre drei schlagkräftigsten Argumente beschränken, kontrollieren Sie, welche drei Aspekte in den Köpfen Ihrer Zuhörer verankert bleiben und erreichen so mehr Überzeugungswirkung. Da die Aufmerksamkeit Ihrer Gesprächspartner mit fortschreitender Zeit abnimmt, sollten Sie Ihr stärkstes Argument immer gleich zu Anfang bringen. Psychologen sprechen in diesem Zusammenhang vom sogenannten Primäreffekt, der besagt, dass wir uns an zu Beginn vorgebrachte Informationen besonders gut erinnern. Das liegt daran, dass diese leichter ins Langzeitgedächtnis übergehen, da noch keine konkurrierenden Informationen den Abspeicherungsprozess negativ beeinflussen.

Nach dem stärksten Argument folgt an zweiter Stelle die schwächste Ihrer Begründungen und am Schluss bringen Sie Ihr zweitstärkstes Argument, da am Ende präsentierte Inhalte ebenfalls stärker in Erinnerung bleiben. Hier kommt der sogenannte Rezenzeffekt zum Tragen, demzufolge später eingehende Informationen ebenfalls einen größeren Einfluss auf unsere Erinnerungsleistung haben, da sie nicht von nachfolgenden überschrieben werden. Dieser Effekt hängt mit unserem Kurzzeitgedächtnis zusammen und tritt besonders dann auf, wenn im Anschluss eine Beurteilung des Vorschlages erfolgen soll. Zusätzlich erhöhen Sie die Überzeugungskraft Ihrer Argumente, wenn Sie diese mit anschaulichen Beispielen untermauern.

Da es zu jedem Argument entsprechende Gegenargumente gibt, stehen diese entweder unausgesprochen im Raum oder werden von einem kritischen Gesprächspartner vorgebracht. Indem Sie sich mögliche Einwände bereits im Vorfeld überlegen und diese im Voraus entkräften, erhöhen Sie Ihre Glaubwürdigkeit, da Sie damit zeigen, dass Sie beide Seiten der Medaille in Betracht ziehen.

Bezogen auf das Thema, nach welchen Kriterien wichtige Kunden selektiert werden sollen, könnte Ihre Argumentationslinie beispielsweise wie folgt aufgebaut sein:

Relevanz: Wir alle wollen sicherstellen, dass wir unsere knappen Vertriebsressourcen bei den Kunden einsetzen, die den meisten Ertrag versprechen.

These: Ein Scoring-Modell ermöglicht uns eine umfassende Kundenbetrachtung und die Berücksichtigung von qualitativen und quantitativen Kriterien.

Argument 1: Die umsatzstärksten Kunden sind nicht unbedingt die profitabelsten Kunden (Deckungsbeitragsrechnung Kunde X AG als Beispiel bringen – Handout).

Argument 2: Vergangenheitsbasierte Daten wie Umsatz, Deckungsbeitrag, usw. ermöglichen keine Bewertung von Neukunden.

Argument 3: Scoring-Modelle erlauben es uns, auch qualitative Kriterien wie die strategische Bedeutung eines Kunden und zukünftige Aspekte wie das Wachstumspotenzial eines Kunden miteinfließen zu lassen. Das sagt wesentlich mehr über den Wert aus, den ein Kunde für uns hat (Vergleich Kunde X AG und Y AG anhand Scoring-Modell als Beispiel zeigen – Handout).

Mögliche Einwände: Aufwand der Methode.

Einwandentkräftung: Größter Aufwand ist einmalig. Mehraufwand ist durch bessere Kundenbetreuung und bessere Ausschöpfung der Kundenpotenziale gerechtfertigt (Beispiel der Z AG anführen, die dieses Verfahren eingeführt und damit gute Erfahrungen gemacht hat).

Appell: Einsetzung eines Projektteams, das die Bewertungsparameter für das Scoring-Modell erarbeitet.

Die Überzeugungskraft Ihrer Argumentation hängt auch von der Klarheit und Eindeutigkeit Ihres Appells ab. Diese Bitte bzw. Aufforderung steht am Schluss und ist immer handlungsorientiert. Wichtig ist, dass Sie Ihren Appell spezifisch und eindringlich formulieren und nicht durch

Konjunktive abschwächen. Betrachten wir dazu zwei Beispiele im Vergleich:

„Es wäre daher sinnvoll, ein Projektteam einzusetzen, das die Bewertungsparameter für ein Scoring-Modell erarbeitet."

„Ich bitte Sie daher, ein Projektteam bestehend aus Mitarbeitern aus den Abteilungen Vertrieb, Marketing und Controlling einzusetzen, das die Bewertungsparameter für ein Scoring-Modell erarbeitet."

Die zweite Variante enthält keinerlei unnötige „Weichmacher" und beinhaltet einen genaueren Vorschlag. Daher ist die Wahrscheinlichkeit höher, dass diesem Appell Folge geleistet wird.

An dieser Stelle möchten wir noch einige rhetorische Kniffe beleuchten, mithilfe derer Sie Ihre Argumentation überzeugender gestalten können. Ein besonders wirkungsvolles Stilmittel ist der Einsatz von bildhafter Sprache und Metaphern. Diese erleichtert es Ihren Gesprächspartner, sich Ihre Botschaft lebhaft vorzustellen und damit zu verinnerlichen und im Gedächtnis zu behalten. Schon Kinder prägen sich Buchstaben leichter ein, wenn diese mit einem Bild verbunden werden – also A für Affe, B für Bär, usw. In unserem Beispiel mit dem Scoring-Modell könnten Sie beispielsweise auf folgendes Sprachbild zurückgreifen: „Den Wert von Kunden nur nach ihrem Umsatz zu beurteilen ist, als würde man versuchen, die Schönheit von Michelangelos David zu erfassen, indem man ihn nur von der rechten Seite betrachtet."

Wiederholen Sie zudem Ihre Kernbotschaften, damit sich diese bei den Zuhörern einprägen. Was wirklich wichtig ist, dürfen Sie ruhig dreimal statt einmal sagen. Ebenfalls empfehlenswert ist der Einsatz rhetorischer Fragen. Damit sind Fragen gemeint, die Sie formulieren, auf die Sie aber keine Antwort Ihres Publikums erwarten, sondern die Sie selbst beantworten. Durch dieses Stilmittel schaffen Sie Aufmerksamkeit sowie ein Gemeinschaftsgefühl. Hier einige Beispiele für rhetorische Fragen:

- „Was haben wir zu verlieren?"
- „Wie gehen wir nun am besten weiter vor?"
- „Was können wir aus dieser Statistik für uns ableiten?"

Fassen wir kurz zusammen:

Gehirngerechte dreistufige oder fünfstufige Argumentationsraster erleichtern es Ihnen, Ihre Argumente klar zu strukturieren.

Argumentationsketten beginnen mit einer klar formulierten These und sollten sich auf drei Argumente beschränken.

Beginnen Sie mit Ihrem stärksten Argument, dann folgt das schwächste und am Ende bringen Sie Ihr zweitstärkstes Argument.

Bereiten Sie sich auf mögliche Einwände vor und nehmen Sie diese vorweg.

Schließen Sie mit einem klar und ohne Weichmacher formulierten Appell.

Nutzen Sie Bilder und Metaphern, Wiederholungen und rhetorische Fragen.

Folgende Übungen sollen Ihnen dabei helfen, die klare Strukturierung und Überzeugungswirkung Ihrer Argumentationslinien zu erhöhen:

Übung 1: Üben Sie die Anwendung der dreistufigen Argumentationsraster im Alltag, beispielsweise bei der Entscheidung für ein Urlaubsziel. Dadurch geht Ihnen die strukturierte Denkweise in Fleisch und Blut über. Sie werden überzeugender argumentieren, wenn Sie im Beruf nach Ihrer Meinung gefragt werden oder ein Anliegen vorbringen.

Übung 2: Stellen Sie sich vor, Sie wollen Ihre(n) Vorgesetzte(n) von einer Gehaltserhöhung oder der Übertragung von mehr Verantwortung überzeugen. Bereiten Sie Ihre Argumentation entsprechend dem Beispiel mit dem Scoring-Modell vor. Was sind Ihre drei stärksten Argumente? Welche Beispiele können Sie anführen? Was hat Ihr(e) Vorgesetzte(r) davon? Wie formulieren Sie Ihren Appell? Welche Einwände könnte es geben? Am besten nutzen Sie die Chance dann gleich und probieren die Wirkung Ihrer Überlegungen in der Praxis aus.

Übung 3: Nehmen Sie einen kurzen Artikel zu einem Thema, das Sie persönlich interessiert und das Sie idealerweise auch beruflich nutzen können, zur Hand. Zu Übungszwecken kann es aber auch ein beliebiger Artikel sein, der Sie interessiert. Überlegen Sie, wie Sie diesen Artikel als kurze Rede aufbereiten würden. Überlegen Sie dann, worin sich Ihre Rede unterscheiden würde, wenn Ihr Ziel einmal die Informationsvermittlung, einmal die Unterhaltung Ihres Publikums und einmal die Motivation Ihrer Zuhörer zu einer konkreten Handlung ist.

Übung 4: Lebendige Sprachbilder zu finden, ist gar nicht so einfach. Sie können diese Fähigkeit trainieren, indem Sie abstrakte Feststellungen (z. B.„Unser Vertrieb umwirbt die falschen Kunden"), die wenig Bilder auslösen, vornehmen und sich fragen, wie ein Filmregisseur diese Inhalte verdeutlichen würde.

Good to know

So können Sie andere überzeugen:
Strahlen Sie Zuversicht aus.
Zeigen Sie Gemeinsamkeiten auf.
Zeigen Sie echtes Interesse an Ihrem Gegenüber.
Zaubern Sie die richtigen Bilder in die Köpfe.
Nutzen Sie die Macht rhetorischer Fragen.

3.2 Zuhörer in den Bann ziehen

Für einen überzeugenden Vortrag oder eine gelungene Präsentation braucht es mehr als die verständliche Darstellung von Sachverhalten. Sie wollen das Publikum in Ihren Bann ziehen. Um andere begeistern zu können, müsse Sie selbst für das Thema brennen. Wenn Sie den Funken der Begeisterung nicht in sich tragen, können Sie auch in Ihren Zuhörern kein Feuer entfachen. Wer die Basisdinge wie solide Vorbereitung, stimmige nonverbale Kommunikation, bewusster Einsatz von Stimme und Strukturierung seiner Argumente verinnerlicht hat, kann sich darüber Gedanken machen, wodurch ein Vortrag noch fesselnder wird.

Besonders die ersten Minuten entscheiden über Ihre Wirkung. Für den ersten Eindruck gibt es keine zweite Chance. Wenn Sie jetzt Punkte sammeln, genießen Sie gewisse Vorschusslorbeeren, die es Ihnen leichter machen, Ihr Publikum bei der Stange zu halten und für sich zu gewinnen. Ein langweiliger oder nichtssagender Einstieg macht es Ihnen hingegen schwer, zu verhindern, dass sich Ihre Zuhörer desinteressiert zurücklehnen. Die Rückeroberung einmal verspielter Gunst erfordert doppelte Anstrengung. Konzentrieren Sie sich daher in Ihrer Vorbereitung besonders auf diese ersten Minuten und überlegen Sie, wie Sie Gemeinsamkeiten herstellen können, um das Eis zu brechen und die Sympathie Ihrer Zuhörerschaft zu gewinnen.

Unser Gehirn reagiert besonders stark auf ungewohnte Reize. Neues macht uns aufmerksam. Gewohntes hingegen signalisiert unserem Gehirn: „Was jetzt folgt, kennst du schon. Deine volle Aufmerksamkeit ist nicht gefordert." Stellen wir uns dazu eine Verkäuferin vor, die bei einem potenziellen Kunden einen Ersttermin wahrnimmt. Sie hat eine Unternehmenspräsentation vorbereitet und möchte herausfinden, welche Leistungen für den Kunden interessant sind. Ihren Vortrag beginnt sie mit den Worten: „Vielen Dank, dass Sie sich Zeit nehmen und mir diesen Termin gegeben haben. Ich möchte Ihnen kurz unser Unternehmen vorstellen und Ihnen einen Überblick über unser Produktportfolio geben. Im Anschluss kann ich dann Ihre Fragen beantworten und mit Ihnen besprechen, welche unserer Leistungen für Sie interessant sind."

Der Kunde hat ähnliche Einstiegsfloskeln bereits von unzähligen Verkäufern gehört. Er lehnt sich zurück und lässt sich berieseln. Sein Hirn hat ihm signalisiert: „Jetzt kommt wieder eine dieser langweiligen Unternehmenspräsentationen, die du schon so oft gesehen hast." Wenn unsere Verkäuferin seine Aufmerksamkeit und sein Interesse von Anfang an wecken möchte, ist sie mit einem ungewöhnlichen Einstieg besser beraten. Sie könnte beispielsweise so beginnen: „Ich freue mich, dass wir heute die Gelegenheit haben, uns persönlich kennenzulernen. Als ich mich für den Termin vorbereitet habe, ist mir ein Artikel über Trends und Herausforderungen in Ihrer Branche untergekommen. Ich habe es interessant gefunden, dass es immer mehr Individualisierung bei den Produkten gibt, wodurch die Produktionschargen immer kleiner werden. Da bin ich schon gespannt, von Ihnen zu hören, wie Sie das betrifft und wie Sie damit umgehen. Ich möchte Ihnen auch einen Überblick über unser Unternehmen geben, konzentriere mich aber auf unsere Lösungen, die Ihnen eine besonders hohe Flexibilität im Produktionsablauf ermöglichen. Basierend darauf können wir dann diskutieren, wo diese bei Ihnen einsetzbar wären und welche Vorteile Sie davon hätten."

In diesem Fall hat sie es geschafft, die volle Aufmerksamkeit Ihres Gegenübers zu bekommen, indem Sie geschickt Standardfloskeln durch neue, ungewohnte Reize ersetzt hat. Damit signalisiert sie dem Gehirn ihres Gegenübers: „Dieser Termin verläuft anders als üblich". Die Neugierde ist geweckt. Neben der Andersartigkeit des Reizes beachtet unsere Verkäuferin auch weitere Aspekte, die ausschlaggebend dafür sind, dass Zuhörer gebannt lauschen. Betrachten wir diese etwas genauer.

Durch die Erwähnung der konkreten Herausforderung, über die sie gelesen hat, beweist die Verkäuferin in unserem Beispiel, dass sie sich vorbereitet hat und zeigt damit Engagement und Kompetenz. Zudem macht sie das Thema für den Kunden relevant. Durch die Formulierung „... schon gespannt, von Ihnen zu hören, wie Sie das betrifft und wie Sie damit umgehen" stellt Sie die Herausforderungen und Bedürfnisse des Kunden in den Mittelpunkt und zeigt, dass Sie an ihm interessiert ist. Danach stellt Sie geschickt einen Bezug zwischen den Themen, die den Kunden beschäftigen und dem Angebot ihres Unternehmens her. Zudem vermittelt sie durch die Phrase „...konzentriere mich aber auf unsere Lösungen, die Ihnen eine besonders hohe Flexibilität im Produktionsablauf ermöglichen", dass Sie Ihr Gegenüber nicht mit langweiligen Informationen die Zeit stehlen wird, sondern sich auf die Punkte konzentriert, die für ihn besonders relevant sind und ihm einen Nutzen bringen.

Daraus können wir folgende Punkte ableiten, die Sie beachten sollten, wenn Sie Zuhörer in ihren Bann ziehen wollen:

Wählen Sie einen ungewöhnlichen Einstieg und setzen Sie neue, unbekannte Reize.

Machen Sie das Thema gleich zu Beginn für Ihre Zuhörer relevant.

Überlegen Sie, was Ihr Publikum im Zusammenhang mit Ihrem Thema beschäftigt und gehen Sie darauf ein.

Zeigen Sie ehrliches Interesse an Ihrem Gegenüber.

Binden Sie Ihre Zuhörerschaft nach Möglichkeit ein. Das ist natürlich bei Zweiergesprächen und Vorträgen in kleinen Runden einfacher, aber auch vor einem großen Publikum können Sie dieses beispielsweise bitten, durch Handzeichen ihre Meinung zu einem Punkt kundzutun oder eine Ja-/Nein-Frage zu beantworten. Interaktion schafft immer Aktivierung.

Kommunizieren Sie eine klare Nutzenbotschaft.

Einige begnadete Menschen begeistern Ihr Publikum schlicht und einfach aufgrund ihres natürlichen Charismas. Aber auch, wenn Ihnen Charisma nicht sprichwörtlich in die Wiege gelegt wurde, können Sie einiges tun, um Ihre Zuhörer zu begeistern. Eines haben alle charismatischen Menschen gemeinsam: Sie sind authentisch. Authentizität bedeutet allerdings nicht, dass wir nicht darauf achten, unsere Körperhaltung, Mimik, Gestik und Stimme zu optimieren. Jeder Mensch hat eine gewisse Bandbreite an Verhaltensweisen, im Rahmen derer er sich ungekünstelt bewegen kann. Finden Sie Ihren persönlichen Stil. Charisma haben bedeutet nicht, sich zu verbiegen, um anderen zu gefallen. Charismatische Menschen tun und sagen Dinge, weil sie diese als richtig empfinden und scheuen sich auch nicht davor, einmal anzuecken. Wer sich seiner Ziele und Wertvorstellungen bewusst ist, strahlt Überzeugungskraft aus. Wenn Sie hinter den Inhalten Ihrer Präsentation oder Ihres Vortrages stehen, gelingt es Ihnen, Ihr Thema anhand Ihrer Ziele und Werte durchzudenken und eine schlüssige Argumentation zu entwickeln.

Ein weiterer Punkt, der charismatische Redner auszeichnet, ist, dass diese auf Ihr Publikum eingehen. Das beginnt beim Blickkontakt und geht über die Offenheit für Zwischenfragen und Diskussionsbeiträge bis zur gezielten Aktivierung eines Dialogs, wenn dies im Setting möglich ist. Vorträge, die in Erinnerung bleiben, sprechen immer Ratio UND Gefühle der Zuhörer an. Intellektuelle und gefühlsmäßige Stimulanz sind quasi das Salz in der Informationssuppe. Charismatische Redner regen die Sinne ihrer Zuhörer dazu an, sich näher mit der Materie zu befassen. Dazu setzen sie unterschiedliche Stilmittel ein, die ihren Ausführungen mehr Ausdruck verleihen. Persönliche Erfahrungen, Beispiele aus der Praxis sowie Metaphern und eine bildliche Sprache haben wir diesbezüglich schon kennengelernt.

Wenn es darum geht, Zuhörer in den Bann zu ziehen, ist es unerlässlich, sich auf das Publikum einzulassen. Zuhörer wollen mitgerissen und begeistert werden. Wenn Sie Ihre Rede in monotonem Tonfall vom Blatt ablesen, wird das schwer möglich sein. Lebendigkeit, Sprachbilder und eine variantenreiche Ausdrucksweise machen Ihren Vortrag hingegen zum Erlebnis. Wenn es Ihrer Persönlichkeit entspricht, dürfen Sie ruhig Humor einsetzen, solange dieser auf den Inhalt abgestimmt und nicht übertrieben ist. Leichte Selbstironie und subtiler Humor kommen im Regelfall immer gut an.

Ferner wird es Ihr Publikum Ihnen danken, wenn Sie in der Lage sind, auch schwierige Themen einfach und klar verständlich zu vermitteln. Servieren Sie komplexe Inhalte in zielgruppengerechten Häppchen. Sprechen Sie vor einem reinen Fachpublikum, können Sie die Latte etwas höher legen und auch Fachausdrücke verwenden. Sobald Ihr Auditorium jedoch durchmischt ist, sollten Sie sich immer vor Augen halten, dass Ihnen auch Personen folgen können, die bezüglich des Themas kein Vorwissen mitbringen. Was einfach gesagt wird, bleibt leichter im Gedächtnis.

Jeder, der schon einmal einen Vortrag oder eine Rede gehalten hat, weiß, dass es nahezu unmöglich ist, dass die Zuhörer über die gesamte Dauer hinweg hochkonzentriert und aufnahmebereit bleiben. Derartige Schwankungen im Aufmerksamkeitspegel sind völlig normal und liegen nicht zwangsläufig an Ihnen. Wichtig ist, dass Sie auf die entsprechenden Signale wie abwesende oder abschweifende Blicke achten und merken, wenn Ihr Publikum Zeit braucht, das

Gesagte zu verarbeiten. In diesem Fall können Sie Ihre Zuhörer durch eine kurze Zusammenfassung oder das Wiederholen Ihrer wichtigsten Argumente und Kernaussagen wieder in den Vortrag zurückholen. Zudem ist es sinnvoll, Ihren Vortrag so zu strukturieren, dass sich leichtere Passagen mit komplizierteren, faktenorientierteren abwechseln.

Auftretende generelle Unruhe ist meist ein sicheres Anzeichen dafür, dass Ihr Publikum Ihren Ausführungen nicht folgen kann oder äußere Umstände zur Belastung geworden sind. Sauerstoffmangel, schlechte Lichtverhältnisse, Hintergrundlärm oder Ermüdungserscheinungen lassen Ihre Zuhörer nervös und unruhig werden. Wenn Sie dafür sensibel sind und etwaige Konzentrationshindernisse beseitigen, erhöhen Sie den Aufmerksamkeitsfaktor. Im Zweifelsfall sprechen Sie die bemerkte Unruhe am besten direkt an und fragen nach den Ursachen. Ihre Adressaten werden Ihnen deren Beseitigung mit Wohlwollen und gesteigertem Interesse danken.

Good to know

> Wissenschaftler haben sieben wesentliche Eigenschaften herausgearbeitet, die Charismatiker auszeichnen:
>
> Sie können andere inspirieren und motivieren.
>
> Sie handeln außergewöhnlich, denken außerhalb von Regeln und imponieren durch Ihre Individualität.
>
> Sie sind von der Meinung anderer unabhängig.
>
> Sie verfügen über eine souveräne, authentische Körpersprache.
>
> Ihr Idealismus und Ihre Begeisterung sind ansteckend.
>
> Sie sind empathisch und können sich in andere einfühlen.
>
> Sie geben ihrem Umfeld das Gefühl, wichtig zu sein und bauen Menschen positiv auf.

3.3 Einfluss nutzen

Erfolgreiche Gespräche und gelungene Präsentationen sind eine Seite der Medaille. Manchmal müssen Sie auch Stärke beweisen, um Ihre Position zu festigen. Vor allem Führungskräfte müssen auch in der Lage sein, ihre Sprache als Machtinstrument zu gebrauchen, um ihren Führungsalltag souverän zu meistern. Aber auch Projektverantwortliche, erfahrenere Kollegen oder Teilnehmer in einem Meeting sind diesbezüglich gefordert, wenn sie Gehör finden wollen. In solchen Situationen ist eine kraftvolle und gleichzeitig überzeugende wie authentische Sprache essenziell.

Führen bedeutet auch, auf Menschen und ihr Handeln bewusst und gezielt Einfluss zu nehmen. Je besser Ihnen das gelingt, desto mehr Anerkennung als Führungskraft ernten Sie bzw. desto stärker werden Sie als potenzielle Führungskraft wahrgenommen.

Die größte Wirkung erzielen Menschen, die in der Lage sind, ihren Kommunikationsstil stets den Erfordernissen der Situation anzupassen. Konkret bedeutet das, dass Sie in gewissen Situationen, die Durchsetzungskraft und eine gewisse Distanz erfordern, ihren Status bewusst erhöhen, und in Situationen, bei denen Nähe und Glaubwürdigkeit gefordert ist, ihren Status bewusst senken. Status funktioniert über zwei Achsen: die Beziehungs-Achse mit den Ausprägungen Sympathie und Ablehnung und die Macht-Achse mit den Polen Durchsetzungsfähigkeit und Nachgiebigkeit. Beide Achsen sind immer relativ zu einer anderen Person definiert, beispielsweise Vorgesetzter gegenüber Mitarbeiter oder ältere, erfahrene Kollegin gegenüber neuer Kollegin. Auch bei der viel zitierten Kommunikation auf Augenhöhe ist stets ein gewisses Statusgefälle vorhanden.

Zwischenmenschliche Kollegen- und Führungsbeziehungen zielen vorrangig darauf ab, gemeinsame Ziele zu verfolgen und Aufgaben zu bewältigen. Mitarbeiter schätzen an Führungskräften eine klare und gleichzeitig wertschätzende Kommunikation. Wer unsicher ist, vermittelt das auch in seiner Art zu sprechen. In diesem Fall wird es nur schwer gelingen, Ihr Team oder Ihre Kollegen zu Höchstleistungen zu motivieren. Oft sind es einzelne Wörter und Phrasen, die bei den Gesprächspartnern Unverständnis und Verwirrung stiften. Folgende Tipps helfen Ihnen dabei, Ihren Einfluss in der Kommunikation stärker zu nutzen:

Schaffen Sie Verbindlichkeit, indem Sie Konjunktive vermeiden. Konjunktive drücken aus, was möglich, wahrscheinlich oder auch ungewiss ist, weshalb sie auch als Möglichkeitsform bezeichnet werden. Im Gegensatz dazu drückt der Indikativ oder die Wirklichkeitsform aus, was Fakt ist und der Realität entspricht. Wenn Sie dazu neigen, häufig Konjunktive zu verwenden, wirken Sie unbestimmt, unsicher und verwirrend auf Ihr Gegenüber. Soll einer Ihrer Mitarbeiter eine bestimmte Aufgabe übernehmen, dann sagen Sie nicht: „Ich fände es gut, wenn Sie sich bereit erklären würden, diese Aufgabe zu übernehmen." Sie erzeugen deutlich mehr Verbindlichkeit, wenn Sie stattdessen eine der folgenden Formulierungsvarianten wählen: „Herr Berger, bitte übernehmen Sie Aufgabe X." „Herr Berger, ich möchte bitte, dass Sie sich um diese Aufgabe kümmern." Nur wenn Sie den Mut haben, klar auszusprechen, was Sie wollen, können sich Ihre Mitarbeiter bzw. Kollegen danach richten.

Vermeiden Sie defensive Sprachmuster. Männer und Frauen kommunizieren in der Regel etwas unterschiedlich. Letztere hören oft besser zu, nehmen die Gefühle ihrer Gesprächspartner genauer wahr und beziehen sich stärker auf diese. Das ist zwar eine Stärke und kann in vielen Fällen ein Vorteil sein, wer sich jedoch zu defensiv ausdrückt, wird häufig von dominanten Kollegen unterbrochen. Die eigenen Vorschläge und Standpunkte verhallen dann im Meeting ungehört. In diesem Fall sollten Sie nicht zögern, ganz souverän festzustellen: „Ich war mit meinen Ausführungen noch nicht fertig und möchte diese gerne zu Ende bringen."

Entschuldigungen sind ebenfalls eine typische Form defensiver Kommunikation. Manche Menschen neigen dazu, sich auch für Dinge zu entschuldigen, für die sie nicht verantwortlich sind. Anstatt sich umständlich dafür zu entschuldigen,

dass Sie ein gewisses Ergebnis noch nicht präsentieren können, weil Sie auf Daten angewiesen sind, die jemand anderer
noch nicht geliefert hat, sagen Sie einfach: „Leider kann ich
Ihnen die Ergebnisse noch nicht präsentieren, da ich noch
auf die Daten aus der Controllingabteilung warte." Entschuldigen Sie sich nur für Dinge, für die Sie wirklich die Verantwortung tragen.

Vermitteln Sie Sicherheit durch klare Ansagen. Dazu gehört,
dass Ihr Gegenüber nicht nur genau versteht, was Sie sagen,
sondern auch, was Sie damit sagen wollen. Verständlichkeit
beginnt mit einer deutlichen Artikulation, ohne Nuscheln
oder verschluckte Silben, und einer adäquaten Lautstärke.
Vermeiden Sie zudem komplizierte, verschachtelte Sätze,
Sie wollen schließlich verstanden werden. Klare Ansagen
verlangen auch, dass Sie leere Floskeln und Ausdrücke, die
das Gesagte abschwächen, aus Ihrer Wortwahl verbannen.
Sie erzeugen bei Ihrem Gegenüber den Eindruck, dass Sie
sich Ihrer Sache nicht sicher sind. Beispiele dafür sind „nur",
„irgendwie", „eigentlich" oder „Ich denke, dass...". Vergleichen Sie dazu die Wirkung folgender Aussagenpaare:

„Ich meine nur, dass wir uns die Arbeit besser auf- teilen sollten."	„Ich möchte eine optimale- re Arbeitsaufteilung zwi- schen uns finden."
„Ihr Bericht ist irgendwie unübersichtlich."	„Ihr Bericht ist unüber- sichtlich gegliedert."
„Ich denke, dass wir diese sportlichen Ziele als Team erreichen können."	„Als Team können wir diese sportlichen Ziele erreichen."

Gewisse Phrasen und Wörter haben sich oft in unseren Sprachgebrauch eingeschlichen, ohne dass wir bemerken, wie häufig wir diese verwenden. Solchen hinderlichen Sprachmarotten kommen Sie am besten auf die Spur, wenn Sie sich selbst genau beim Reden zuhören. Sie können aber auch einfach einmal die Aufnahmefunktion Ihres Smartphones nutzen, um Ihre Wortmeldung im Anschluss auf konjunktive, abschwächende, unklare oder defensive Formulierungen zu durchleuchten.

Ob delegieren oder organisieren, eine leicht verständliche und konkrete Sprache beugt Missverständnissen vor. Jede Kommunikation verfolgt ein Ziel, daher sollte auch jeder gesprochene Satz ein Ziel haben. In diesem Zusammenhang ist es wichtig, seinen Appell eindeutig zu kommunizieren. Zu den Aufgaben mancher Mitarbeiter zählt es, im Auftrag ihres Vorgesetzten zu delegieren. Empfinden Sie diese Aufgabe als unangenehm, werden Sie besonders viele Weichmacher einbauen. Betrachten wir dazu folgenden Dialog:

Mitarbeiterin: „Würden Sie vielleicht bis Montag den Bericht über die letzte Marketingkampagne fertigmachen? Ich glaube, die Chefin braucht ihn für die Abteilungsleiterbesprechung."

Kollege: „Immer diese kurzfristigen Aufgaben. Das schaffe ich nicht bis Montag. Sie kann den Bericht am Mittwoch in der Früh haben. Wenn es so wichtig ist, soll sie mir das sonst selbst sagen."

Die Antwort des Kollegen mag zwar nicht besonders charmant sein, bezogen auf den Informationsgehalt, den er von der Mitarbeiterin bekommen hat, ist sie jedoch berechtigt. So wie diese ihren Arbeitsauftrag formuliert hat, bleiben zahlreiche Punkte unklar. Wenn Sie gefordert sind, im

Namen einer anderen Person zu delegieren, sollten Sie dabei unbedingt folgende Fragen beantworten:

- Wer?
- Wie?
- Was?
- Wofür?
- Warum?

Ein dementsprechend formuliertes Delegieren könnte folgendermaßen aussehen: „Die Chefin (Wer) bittet Sie, für die Abteilungsleiterbesprechung (Wofür) am Montag, die Ergebnisse der letzten Marketingkampagne (Was) zusammenzufassen. Sie benötigt eine zehnminütige PowerPoint-Präsentation (Wie), aufgrund der rückläufigen Umsätze sollen neue Marketingstrategien diskutiert werden (Warum)." Der Kollege weiß dann genau, was er warum bis wann und in welcher Form machen soll.

Aber auch Vorgesetzte drücken sich in ihren Appellen oft unpräziser aus, als ihnen bewusst ist. Dazu folgendes Beispiel:

Chef: „Ich bin ab kommenden Montag für drei Tage in unserer Zentrale in London. Bitte organisieren Sie die Reise für mich, Sie wissen ja, worauf ich Wert lege."

Mitarbeiterin: „Alles klar, mache ich gerne."

Ist wirklich alles klar? Selbst wenn wir davon ausgehen, dass die Mitarbeiter schon mehrere Reisen für ihren Chef gebucht hat, kann sie nicht sicher sein, dass alles voll und ganz den Wünschen ihres Vorgesetzten entspricht. Wenn dieser sich dann darüber ärgert, dass er wieder ein straßenseitiges

Zimmer bekommen hat, hätte er eben klarer kommunizieren müssen.

Beruflich erfolgreiche Menschen schaffen es, Ihre Zuhörer, Mitarbeiter, Kollegen oder Vorgesetzten zu Verbündeten zu machen. Das gelingt ihnen, indem sie ihre gesamte Persönlichkeit einbringen und dadurch ihren Gesprächspartner oder ihr Publikum von den eigenen Werten und Zielen überzeugen. Wenn Sie sich Ihrer Argumentationsstärke bewusst sind und Ihre persönliche kommunikative Schlagkraft kennen und gezielt einsetzen, wird es Ihnen gelingen, aus Zuhörern und Gesprächspartnern Verbündete zu machen. Menschen wollen gerne mit Persönlichkeiten, die überzeugend und enthusiastisch sprechen, in Verbindung treten und sich deren Sichtweise anschließen. Wer über ein souveränes, kraftvolles Auftreten verfügt, zieht andere in seinen Bann und kann mit seinen Ideen, Visionen und Projekten als geschätzte Leitfigur wirken. Entscheidend dafür ist, sich mit Ehrlichkeit und echter Überzeugung für die eigenen Ideale und Projekte einzusetzen.

Standing und Einflusskraft von Führungskräften, Projektleitern und Kollegen fußen unter anderem auf Autorität. Aber was ist damit eigentlich gemeint? Autorität impliziert eine Stärke und natürliche Macht, die in der Person begründet ist. Diese persönliche Autorität beeinflusst unsere Führungswirkung und unsere Akzeptanz und basiert unter anderem auf unserer sozialen Kompetenz und unserer verbalen und nonverbalen Kommunikation. Zusätzlich spielen die Faktoren der Wissensautorität (Expertenautorität) und hierarchischen Autorität eine Rolle. Unser Standing und der Respekt, der uns entgegengebracht wird, basieren auf diesem Autoritäts-Dreieck. Wenn Sie die folgenden Punkte beherzigen, wird man Ihnen mehr Respekt zollen:

Respekt beruht auf Gegenseitigkeit. Wer von Mitarbeitern und Kollegen respektiert werden möchte, tut gut daran, diese ebenfalls respektvoll zu behandeln. Dazu gehört auch, in Konfliktsituationen höflich zu bleiben und niemals beleidigend zu werden.

Natürliche Autorität kann auch aus Erfahrung resultieren. Gerade jüngere Mitarbeiter haben oft Respekt vor älteren, erfahreneren Kollegen, von denen sie lernen können. Wenn Führungskräfte und routinierte Mitarbeiter hin und wieder Anekdoten aus ihrem Werdegang erzählen und erklären, wie sie vergleichbare Herausforderungen in der Vergangenheit bewältigt haben, lassen sie andere an ihrer Erfahrung teilhaben. Wichtig dabei ist jedoch, sich nicht prahlerisch oder allwissend zu geben.

Wer sich Fachexpertise aneignet und damit zur Anlaufstelle für gewisse Fragestellungen und Probleme wird, baut sich konsequent eine Expertenautorität auf.

Autoritätspersonen meistern den schmalen Grat zwischen Professionalität und Menschlichkeit. Sie geben sich authentisch, wissen aber dennoch zwischen Privat- und Berufsleben zu unterscheiden. Sie gaukeln keine Unfehlbarkeit vor, sondern bleiben als Mensch angreifbar und damit offen für konstruktive Kritik.

Respekt und Autorität haben auch viel mit Berechenbarkeit zu tun. Das bedeutet, eine klare Linie zu haben und seinem (Führungs-)Stil treu zu bleiben. Die bereits oft erwähnte klare Kommunikation spielt hierbei eine wesentliche Rolle. Dazu gehört auch, die eigenen Wünsche und Grenzen unmissverständlich zum Ausdruck zu bringen.

An dieser Stelle möchten wir noch den Unterschied zwischen Macht und Einfluss darlegen. Machtausübung bedeutet die Durchsetzung der eigenen Interessen – im Zweifelsfall auch gegen den Willen anderer. Einflussnahme hingegen bedeutet, die eigenen Interessen durchzusetzen, indem man andere überzeugt und deren Zustimmung bekommt. Machtausübung wird oft einem höheren Status zugeordnet. Je sympathischer, selbstbewusster und kompetenter jemand mit höherem Status auftritt, desto höher wird die Akzeptanz seiner Macht sein. Jemand, der über weniger Status verfügt, kann seinen Einfluss dadurch erhöhen, dass er seine Interessen standfest und überzeugend vertritt.

3.4 Schlagfertigkeit beweisen

Wie heißt es so schön: „Schlagfertigkeit ist das, was einem auf dem Nachhauseweg einfällt." Jeder von uns kennt das Gefühl, wenn man von jemanden zu Unrecht kritisiert, ungut angesprochen oder sogar unter der Gürtellinie attackiert wird und einem vor Schockstarre einfach keine passende Entgegnung einfällt.

Um in solchen Situationen angemessen zu reagieren, bedarf es einer gewissen Schlagfertigkeit. Sprachlosigkeit wird hingegen schnell als Schwäche ausgelegt. Menschen, denen es an Schlagfertigkeit mangelt, wirken zudem unsicher und man traut ihnen weniger Verantwortung und Führungsaufgaben zu. Verbale Attacken sind nicht nur unangenehm, sondern werden oft auch hinter scheinbar harmlosen Äußerungen versteckt oder als unverfänglicher Witz getarnt, was es noch schwieriger gestaltet, ihnen sachlich entgegenzutreten. In diesem Fall ist eigener Wortwitz gefragt.

Unter Schlagfertigkeit versteht man die Fähigkeit, auf sprachliche Angriffe unmittelbar und treffend zu reagieren. Damit zeugt Schlagfertigkeit von Intelligenz und Geistesgegenwart sowie von Selbstbewusstsein. In diesen Situationen ist sie besonders von Nutzen:

Wer im Berufsleben häufig in Diskussionen und Konfrontationen involviert ist, tut gut daran, sich eine gehörige Portion Schlagfertigkeit anzueignen.

Schlagfertigkeit kann gewisse peinliche Situationen durch eine Prise Humor entspannen.

Schlagfertigkeit macht es Ihnen leichter, andere von bestimmten Vorhaben zu überzeugen oder anderen Menschen in einer unangenehmen Gesprächssituation beizustehen.

Die gute Nachricht: Schlagfertigkeit kann man trainieren. Folgende Punkte sollten Sie dabei beherzigen:

Werden Sie selbst niemals beleidigend oder ausfällig. Die verbalen Attacken anderer sind nur von Erfolg gekrönt, wenn Sie diese auch als solche wahrnehmen und dementsprechend reagieren. Gegenangriffe oder emotionale Überreaktionen dienen Ihrem Gegenüber nur als Bestätigung und verhärten die Fronten. Indem Sie sich nicht auf das Niveau des Angreifers begeben, beweisen Sie Größe.

Durch Souveränität, Höflichkeit und Humor lassen sich zahlreiche Situationen entschärfen und retten. Dadurch wird auch die Beziehung zu Ihrem Gegenüber weniger in Mitleidenschaft gezogen.

Humor ist gut, denn wer den Angriff in eine sportliche Neckerei verwandeln kann, hat schon gewonnen. Dabei sollte der Humor aber auch nicht Überhand nehmen. Sich über Ihr

Gegenüber lustig zu machen, ist nicht nur verletzend, sondern kratzt auch an Ihrem Image und Standing.

Wer sich eine positive Grundstimmung bewahrt, lässt Angriffe leichter abprallen und nimmt Angreifern den Wind aus den Segeln.

Manche Menschen sind von Natur aus schlagfertig, aber nicht jedem ist diese Gabe in die Wiege gelegt. Ein Synonym für Schlagfertigkeit ist Wortwitz. Dieser Begriff deutet bereits darauf hin, dass Schlagfertigkeit, Wortschatz und die Fähigkeit, mit Worten zu spielen, Hand in Hand gehen. Sämtliche Übungen aus dem Kapitel „Wortschatz erweitern" helfen Ihnen auch in Sachen Schlagfertigkeit. Lesen Sie viel, reden Sie viel und üben Sie das Spiel mit Worten.

Schlagfertigkeit beruht außerdem auf Mut, Argumentationsfähigkeit und Humor. Wer schlagfertig agieren möchte, muss auch den Mut haben, es nicht allen recht zu machen. Je leichter es Ihnen zudem fällt, Argumente zu finden und vorzubringen, desto mehr wächst Ihre Schlagfertigkeit. Wer darüber hinaus beweist, dass er auch über sich selbst lachen kann, zeigt ultimative Schlagfertigkeit.

Ohne Vorwarnung von einem Kommentar angegriffen und verletzt werden, versetzt uns in eine Stresssituation. Der natürliche Reflex darauf ist entweder Kampf oder Flucht. Genau dieser Reflex verhindert allerdings eine spontane Reaktion. Gelingt es Ihnen, sich nicht unter Druck setzen zu lassen, kommt die Antwort oft von selbst. Ihre Reaktion muss auch gar nicht perfekt und geistreich sein. Wenn Ihnen Schlagfertigkeit schwerfällt, können Sie anfänglich auch auf ein paar Tricks zurückgreifen. Manchmal reicht es, irgendetwas zu sagen. Legen Sie sich gewisse Standardfloskeln und Sprüche zurecht, die Sie in den meisten Fällen anwenden können. Damit gewinnen Sie mehr Sicherheit und können sich bald an originellere Konter heranwagen. Hier einige hilfreiche Standardsätze:

- „Wenn Sie das sagen, wird es wohl stimmen."
- „Das ist allein Ihr Problem."
- „Das ist Ihre Meinung."
- „Tatsächlich? Was Sie nicht sagen."
- „Darauf will ich jetzt wirklich nichts sagen."
- „Ist das wirklich das Beste, das Ihnen dazu einfällt?"

Wenn Sie diese Stufe meistern, können Sie beginnen, an Ihrer Originalität zu feilen. Wortschatz und Allgemeinbildung sind positiv mit Schlagfertigkeit korreliert. Besorgen Sie sich eine Zitatesammlung, lernen Sie von anderen, stellen Sie sich konkrete Situationen vor und denken Sie sich dafür passende Antworten aus. Üben Sie zudem die Anwendung folgender Taktiken:

Rückfrage-Taktik: Spielen Sie den Ball einfach an Ihr Gegenüber zurück, indem Sie das Gesagte genauer hinterfragen. Provoziert Sie ein Kollege beispielsweise mit der Ansage: „Sie wissen auch nicht, wovon Sie reden", kontern Sie einfach: „Wie genau kommen Sie zu diesem Schluss?"

Zurückweise-Taktik: Falsche Anschuldigungen können Sie auch einfach zurückweisen. Auf die Aussage aus dem vorigen Beispiel könnten Sie auch antworten: „Ich habe nicht nur eine Ahnung, sondern fundiertes Wissen auf diesem Gebiet. Das sollte Ihnen eigentlich bekannt sein."

Zustimmungs-Taktik: Statt einer Verteidigung können Sie Angreifern auch mit übertriebener Zustimmung den Wind aus den Segeln nehmen und so Provokationen ins Leere laufen lassen. Giftet ein Kollege etwa: „Da sieht man wieder, dass es Frauen an logischem Denken fehlt", könnten Sie parieren: „Sie haben ja so recht. Man sollte nur noch Männer entscheiden lassen."

Kompliment-Taktik: Bei dieser Taktik parieren Sie Angriffe mit einem ironischen Lob. Auf die verbale Attacke aus dem vorigen Beispiel könnten Sie auch entgegnen: „Wow, darauf wäre ich nicht gekommen. Dazu braucht es einen klugen Mann wie Sie."

Übersetzungs-Taktik: Diese Taktik erfordert die Fähigkeit, mit Worten zu spielen. Dabei interpretieren Sie Aussagen in einer vom Sender unbeabsichtigten Art und Weise. Wirft Ihnen eine Kollegin vor, die Marionette der Chefin zu sein, könnten Sie kontern: „Meinst du damit, dass es viel Fingerspitzengefühl braucht, um mich zu führen?"

Sachebene-Taktik: Sie können Angriffe auch abwehren, indem Sie nicht auf deren Inhalt eingehen, sondern stattdessen das aktuelle Gesprächsklima thematisieren und die Unsachlichkeit der Kommunikation zur Sprache bringen. Kritisiert Sie beispielsweise ein Kollege mit den Worten: „Haben Sie auch noch andere als schwachsinnige Ideen?", können Sie sachlich reagieren, indem Sie z. B. sagen: „Derartige unsachliche Bemerkungen bringen uns hier nicht weiter. Es ist in unser aller Interesse, möglichst schnell zu einem guten Ergebnis zu kommen. Wollen Sie dazu einen konstruktiven Beitrag leisten?"

Übungen zum Trainieren Ihrer Schlagfertigkeit

Übung 1: Je leichter und schneller Sie Assoziationen bilden können, desto leichter fällt es Ihnen, schlagfertig zu reagieren. Diese Fähigkeit können Sie trainieren. Tippen Sie mit geschlossenen Augen auf ein Wort aus einem Buch. Finden Sie zuerst möglichst viele Synonyme zu diesem Wort, dann versuchen Sie, eine Minute über diesen Begriff zu sprechen.

Übung 2: Für diese Übung brauchen Sie eine vertraute Person. Diese soll Ihnen eine verbale Attacke verpassen, die Sie dann auf drei unterschiedliche Arten parieren: einmal sachlich, einmal mit der Zustimmungs-Taktik und einmal mit der Übersetzungs-Taktik. Sie werden erstaunt sein, wie rasch die Fortschritte in Sachen Schlagfertigkeit machen.

 **Good to know**

So können Sie Killerphrasen kontern:	
„Das klappt doch niemals."	„Was müsste man ändern, damit es funktioniert?"
„Typisch Frau / Mann / Azubi"	„Finden Sie das nicht ziemlich verallgemeinernd?"
„Alle sind der Meinung, dass...?"	„Aus welchen Informationen schließen Sie das?"
„Sie sind mit dem Thema offenbar überfordert."	„Meinen Sie wirklich, dass ich mich nicht vorbereitet habe?"
„Dieser Vorschlag ist doch lachhaft."	„Schön, dass ich Ihnen ein Lachen entlocke."

Viertes Gesetz

Soziale Faktoren beachten

Beim Thema Kommunikation geht es immer um einen Austausch von Informationen und Meinungen und damit um soziale Interaktion. Gelungene Kommunikation ist nie ein Sprechen zu Menschen, sondern immer ein Sprechen mit Menschen und damit ein Dialog. Selbst wenn Sie einen Vortrag halten, kommuniziert Ihr Publikum nonverbal mit Ihnen und offenbart Ihnen, wie das Gesagte ankommt.

Kommunikation wird immer gemeinsam erzeugt. In Kommunikationssituationen treffen unterschiedliche Charaktere und Verhaltensweisen aufeinander, was Herausforderungen mit sich bringt und Potenzial für Konflikte liefert. Viele Missverständnisse lassen sich auf eine mangelnde Zuhörkompetenz zurückführen, weshalb wir uns dieser Fähigkeit im nächsten Kapitel ausführlich widmen werden. Im Kapitel über Konflikte werden wir sehen, dass es nie nur an einem der beteiligten Kommunikationspartner liegt, wenn Gespräche nicht konstruktiv verlaufen. Kommunikation kann nicht nur von einer Person allein gesteuert werden und hat deswegen auch sehr viel mit sozialer Kompetenz zu tun.

Wir haben bereits Watzlawicks Modell der Sach- und Beziehungsebene kennengelernt und wissen, dass eine funktionierende Kommunikation immer auch auf einer guten

Beziehung zwischen den Gesprächsteilnehmern fußt. Wer andere verstehen und sich ihnen verständlich machen will, muss in der Lage sein, die Welt nicht nur aus der eigenen Perspektive zu betrachten. Hinweise, wie ein Gegenüber sich fühlt, können teilweise aus nonverbalen Signalen abgelesen werden, die wir bereits kennengelernt haben. Aber auch ungezwungener Small Talk kann, wie wir an späterer Stelle sehen werden, einiges über unsere Kommunikationspartner enthüllen und zur Stärkung der Beziehung beitragen.

Wer in Gesprächssituationen authentisch auftritt, wirkt ungekünstelt, offen sowie wahrhaft und erleichtert es damit auch anderen, sich zu öffnen. Im letzten Kapitel dieses Abschnitts werden wir uns damit beschäftigen, welche Kriterien dafür verantwortlich sind, dass andere uns als authentisch wahrnehmen.

4.1 Aktiv zuhören und empathisch reagieren

Eine funktionierende Kommunikation setzt voraus, dass wir begreifen, was der andere von uns will. Das funktioniert nur, wenn wir auch zuhören – und zwar aufmerksam, nicht nur nebenbei. Wer die Kunst des Zuhörens beherrscht, wirkt auf andere nicht nur sympathisch, sondern lernt am Ende auch noch etwas dazu. Wer hingegen nur darauf wartet, selbst wieder das Wort ergreifen zu können und hauptsächlich mit sich selbst beschäftigt ist, schenkt seinem Gegenüber zu wenig Aufmerksamkeit. In der Regel wollen wir selbst verstanden werden, bevor wir anderen zuhören und uns bemühen, diese zu verstehen. Wir hören zu, um eine passende Antwort geben zu können und bereiten uns schon darauf vor, selbst zu sprechen. Verständnis füreinander kann dabei keines entstehen.

Wirklich zuzuhören bedeutet, dem Gegenüber Signale zu senden, die Neugier und Interesse zu bekunden. Darunter fallen beispielsweise Blickkontakt, Nicken oder ein sich nach vorne lehnen. Auch gezielte Rückfragen zeigen Ihrem Gesprächspartner, dass Sie sich mit dem Gesagten auseinandersetzen.

In ihrem „Praxishandbuch Kommunikation" unterscheidet die Kommunikationsexpertin Birgit Preuß-Scheuerle unterschiedliche Arten des Zuhörens, von denen wir nun einige näher betrachten wollen:

Weit verbreitet ist das Ich-verstehe-Zuhören. Dabei hören wir den Schilderungen unseres Gesprächspartners zu, lassen aber in unserem Kopf eigene Gedanken zu dem Thema entstehen. Wir sagen dann: „Ja, ich verstehe", reden dann aber von uns selbst. Erzählt uns jemand eine Geschichte und knüpfen wir dann mit dazu passenden eigenen Erlebnissen daran an, praktizieren wir diese Art des Zuhörens. Ein typisches Beispiel aus dem Büroalltag ist, wenn ein Kollege von seinem Urlaub erzählt und wir seine Schilderung aufgreifen, um Anekdoten aus unserem eigenen Urlaub zum Besten zu geben. Häufig sind mit dieser Art des Zuhörens folgende Floskeln verbunden:

- „Ich verstehe, mir ist es genauso gegangen, als..."
- „Das erinnert mich an mein Erlebnis..."
- „Dazu fällt mir eine lustige Anekdote ein..."

Ich-verstehe-Zuhören ist bei oberflächlichem Geplänkel über Urlaubserlebnisse durchaus in Ordnung, wirkliches Verständnis für unser Gegenüber entsteht dabei allerdings nicht. Stellen wir uns nun folgende Situation vor:

Eine Kollegin offenbart, dass es ihr gerade nicht besonders gut geht und Sie entgegnen: „Ich verstehe dich, mir geht es gerade auch nicht besonders gut. Stell dir vor, was ich mir heute Morgen von meinem sechzehnjährigen Sohn anhören musste...". In diesem Fall wird diese Art des Zuhörens bei Ihrer Kollegin wahrscheinlich Frust oder Ärger auslösen. Jedem, der einen Funken Empathie besitzt, sollte klar sein, dass die Botschaft der Kollegin eine Bitte um Aufmerksamkeit, Mitgefühl und eventuell Rat darstellt und nicht eine Aufforderung, im Gegenzug Ihre Probleme breitzutreten.

Weit weniger verbreitet ist das aufnehmende Zuhören, das in gewissen Situationen durchaus hilfreich sein kann. Betrachten wir dazu ein konkretes Beispiel: Ein Kollege berichtet, dass er hin- und hergerissen ist zwischen einer Eigentumswohnung in der Innenstadt oder einem kleinen Häuschen in der Umgebung. Normalerweise äußern wir bei einem solchen Gespräch unsere Meinung und legen unsere Sichtweise dar, indem wir beispielsweise antworten: „Also, wenn ich die Wahl hätte, würde ich die Innenstadtwohnung vorziehen, denn..." Damit beeinflussen wir jedoch unseren Gesprächspartner und lenken ihn von seiner eigenen Pro-und-Kontra-Abwägung ab. Hilfreicher wäre in dieser Situation aufnehmendes Zuhören zu praktizieren, indem Sie Ihre eigene Meinung zurückhalten und Ihr Gegenüber durch interessierten Blickkontakt, Kopfnicken und zustimmende Laute wie „mhm" dazu ermuntern, seine Gedankengänge fortzusetzen und in Worte zu fassen und damit die für ihn relevanten Aspekte herauszuarbeiten.

Gerade, wenn ihr Gesprächspartner sich noch nicht im Klaren darüber ist, wo ihn seine Überlegungen hinführen, ist aufnehmendes Zuhören extrem hilfreich. Diese Art des Zuhörens erfordert allerdings Geduld, Aufmerksamkeit und die

Fähigkeit, seine eigene Meinung zurückzustellen und sich zurückzunehmen. In diesem Fall wird der Kollege dazu animiert, selbst das Für und Wider zu formulieren und gegeneinander abzuwägen. Damit wird es für ihn leichter, zum Kern der Problematik vorzustoßen. Auch wenn es auf den ersten Blick merkwürdig erscheint, in einer solchen Situation leisten wir durch Schweigen, zugewandte nonverbale Sprache und Floskeln der Zustimmung mehr Hilfestellung, als wenn wir Ratschläge erteilen und unsere Meinung kundtun.

Umschreibendes Zuhören ist der sicherste Weg, um Missverständnisse weitestgehend zu vermeiden. Dabei bedienen Sie sich der Methode des Paraphrasierens, geben also das Gehörte mit eignen Worten wieder. Vor allem, wenn Ihr Kommunikationspartner unstrukturiert von einem Gedanken zum anderen springt und sich eher unklar ausdrückt, schafft umschreibendes Zuhören Klarheit. Folgender Dialog soll der Illustration dienen:

Chefin: „Ich habe nächsten Dienstag um 11:00 Uhr einen Termin mit Herrn Müller von Firma X in Hamburg. Bestätigen Sie bitte den Termin. Ach ja, anschließend gehen wir essen. Wir brauchen einen Tisch um 13:00 Uhr. Gleich gegenüber gibt es einen Italiener. Ich fliege in der Früh nach Hamburg und am Abend zurück. Und bereiten Sie bitte auch die Unterlagen vor. Danke.“

Mitarbeiter: „Wenn ich das richtig erfasst habe, soll ich den Termin mit Herrn Müller bestätigen, einen Tisch für zwei Personen beim Italiener gegenüber um 13:00 Uhr reservieren, einen Hinflug auf der Maschine um 08:30 und einen Rückflug auf der Maschine um 17:00 buchen und Ihnen die übliche Übersichtsmappe über unser Angebot zusammenstellen?“

Chefin: „Genau, wunderbar. Wenn ich es mir recht überlege, buchen Sie sicherheitshalber lieber einen Tisch für drei Personen, falls Herrn Müllers Kollege auch mitgeht."

Durch das Paraphrasieren hat der Mitarbeiter sich rückversichert, alles richtig verstanden zu haben. Zudem stellt er eine geschlossene Frage, die kurz mit Ja oder Nein beantwortet werden kann. Dadurch verkürzt er die Gesprächsdauer und kommuniziert klar und effizient. Diese Art des Zuhörens verdeutlicht Ihrem Gegenüber, dass Sie den Inhalt seiner Botschaft bzw. seine Ansichten richtig verstanden haben. Etwaige Missverständnisse können unmittelbar aus der Welt geschaffen werden.

- „Ihnen ist also wichtig, dass …"
- „Verstehe ich Sie richtig, dass …"
- „Wenn ich das richtig erfasst habe, geht es Ihnen um …"

Aktives Zuhören ist die Königsdisziplin des Zuhörens und fördert besonders in konfliktträchtigen Situationen das gegenseitige Verständnis und Vertrauen. Im Gegensatz zum umschreibenden Zuhören achten Sie dabei nicht nur darauf, was Ihr Gegenüber sagt, sondern auch auf die Gefühle und Wünsche, die mit dem Gesagten mitschwingen. Das erfordert Empathie, denn Sie versuchen zu erfassen, was Ihr Gesprächspartner gerade empfindet. Gelingt dieses Kunststück, ermöglicht Ihnen Ihr Einfühlungsvermögen, die Perspektive der anderen Person zu verstehen. Durch gekonntes aktives Zuhören stärken Sie die Beziehungsebene und bekommen Zugang zu Ihrem Gegenüber. Im Unterschied zum umschreibenden Zuhören geben Sie dabei nicht nur die inhaltliche Aussage Ihres Kommunikationspartners mit eigenen Worten wieder, sondern versuchen, in Worte zu fassen, was auf der Gefühlsebene mitschwingt. Diese Art des Zuhörens erfordert ehrliches Interesse an Ihrem Gesprächspartner und dass Sie bewusst auf dessen Mimik, Gestik und Tonfall achten. Bewertungen und vorschnelle Urteile haben dabei keinen Platz.

Aktives Zuhören umfasst folgende Komponenten:

Schenken Sie Ihrem Gegenüber auf der Beziehungsebene ungeteilte Aufmerksamkeit. Schalten Sie etwaige Ablenkungen und Störquellen aus, konzentrieren Sie sich auf die andere Person und unterstreichen Sie Ihre Aufmerksamkeit auch durch eine zugewandte Körperhaltung, durch Nicken und Blickkontakt und durch sogenanntes „soziales Grunzen". Mit letzterem sind Laute und kurze Äußerungen wie „aha", „mhm", „interessant" oder „oh" gemeint, die vermitteln, dass Sie ganz Ohr sind.

Stellen Sie sicher, dass Sie die Botschaft Ihres Gesprächspartners inhaltlich richtig verstanden haben, indem Sie diese an geeigneten Stellen paraphrasieren, also in eigenen Worten wiedergeben. Bei längeren Reden dürfen Sie zum Zweck des Zusammenfassens auch unterbrechen, vor allem, wenn Sie das Gefühl haben, dass gerade etwas Wichtiges gesagt wurde. Am besten tun Sie das mit Phrasen wie:

- „Entschuldigung, nur um sicherzustellen, dass ich das richtig verstanden habe, ..."

- „Lassen Sie mich bitte kurz festhalten, Sie meinen, dass ..."

- „Damit ich Sie richtig verstehe, heißt das, dass ..."

Achten Sie auf die nonverbalen Signale Ihres Gegenübers und fragen Sie sich, was in ihm vorgeht, warum ihn das Thema beschäftigt und welche Interessen er mit seiner Aussage verfolgt. Verbalisieren Sie dann die für Sie mitschwingenden Emotionen, indem Sie Ihre Interpretation in Worte fassen. Das können Sie durch Formulierungen wie:

- „Ich habe den Eindruck, dass Sie das verunsichert. Liege ich da richtig?"
- „Ich verstehe, dass Sie das ärgert."
- „Sie machen sich also Sorgen, dass ..."
- „Sehe ich das richtig, dass Sie sich mehr Anerkennung wünschen?"
- „Sie möchten gerne den Sinn hinter meinen Vorgaben erkennen können."

Damit signalisieren Sie Ihrem Gesprächspartner, dass Sie seine Gefühle wahrnehmen und ernst nehmen.

Betrachten wir dazu ein Beispiel: Eine Kollegin schimpft: „Natürlich bin ich wieder die, die länger bleiben muss." Sie interpretieren das als Vorwurf und kontern: „Na hör mal, ich bin vorgestern länger geblieben. Tu nicht immer so, als ob es nur dich treffen würde." Dadurch wurde die aggressive Gesprächssituation weiter verschärft und eine konstruktive Klärung erschwert. Indem Sie die wahrgenommenen Emotionen verbalisieren, können Sie dem Gespräch eine positivere Wendung verleihen. Das könnte folgendermaßen aussehen:

Kollegin: „Natürlich bin ich wieder die, die länger bleiben muss."

Sie: „Sehe ich das richtig, dass du mit unserer Arbeitsaufteilung unzufrieden bist?"

Kollegin: „Nein, es liegt nicht an dir. Ich bin einfach sauer, weil ich heute noch was vorhabe und genau da kommt der Chef zu mir und knallt mir noch eine dringende Aufgabe auf den Tisch."

Sie: „Ich verstehe deinen Frust. Bis wann braucht er das?"

Kollegin: „Noch heute, bevor er das Büro verlässt."

Sie: „Kann ich dich irgendwie unterstützen?"

Kollegin: „Danke, nein. Lieb von dir. Ich wollte einfach meinem Ärger Luft machen."

Besonders wichtig ist die Fähigkeit des aktiven Zuhörens im Fall von Beschwerden. Stellen wir uns dazu folgendes Szenario an der Beschwerdehotline vor: Ein aufgebrachter Kunde brüllt ins Telefon: „Ihr habt mir das falsche Ersatzteil geschickt und meine Maschine steht noch immer. Seid Ihr alle unfähig, oder was?!" Wenn Sie die Aussage jetzt persönlich nehmen und dementsprechend reagieren, indem Sie beispielsweise entgegnen: „Schreien Sie nicht mit mir, ich kann nichts dafür", verschlimmern Sie die Situation nur. Versetzen Sie sich stattdessen in die Lage des Kunden und versuchen Sie, seine Lage zu verstehen. Durch aktives Zuhören könnte sich der Dialog wie folgt entwickeln:

Kunde: „Ihr habt mir das falsche Ersatzteil geschickt und meine Maschine steht noch immer. Seid Ihr alle unfähig, oder was?!"

Sie: „Ich verstehe, dass das eine unangenehme Situation für Sie ist. Tut mir leid, dass da ein Missverständnis passiert ist.

Schauen wir gleich, dass wir das so schnell wie möglich lösen können. Sagen Sie mir bitte, um welches Ersatzteil es sich handelt."

Dadurch haben Sie Verständnis und Lösungsorientierung gezeigt und lenken das Gespräch zurück auf die Sachebene. Nach der Schilderung des Kunden ist es wichtig, dass Sie diese paraphrasieren, damit es nicht erneut zu einem Missverständnis kommt. Das könnte folgendermaßen aussehen:

„Um sicherzugehen, dass diesmal alles richtig läuft, das Datenkabel, das wir Ihnen geschickt haben, ist zu kurz. Sie benötigen ein Kabel von mindestens sieben Metern Länge?"

Nehmen wir an, der Kunde reagiert gegen Ende des Gesprächs nochmals unwirsch und sagt: „Und bearbeiten Sie den Auftrag gefälligst zügig. Ich erwarte, dass ich das Teil bis morgen früh habe." In diesem Fall sollten Sie nochmals seinen emotionalen Zustand in Worte fassen und Lösungsbereitschaft zeigen. Sie könnten beispielsweise erwidern:

„Ich verstehe, dass Zeit für sie absolut kritisch ist und Ihre Maschine so rasch wie möglich wieder einsatzfähig sein soll. Ich schicke das richtige Datenkabel umgehend mit Expressboten weg, dann sollte es morgen früh bei Ihnen sein."

Aktives Zuhören bringt folgende Vorteile mit sich:

Durch das bessere Verstehen werden Missverständnisse minimiert.

Konflikten kann vorgebeugt werden, da unser Gegenüber nicht das Gefühl hat, missverstanden oder nicht wirklich gehört zu werden.

Durch aktives Zuhören entwickeln wir ein tieferes Verständnis für die Sache und unser Gegenüber.

Indem wir uns in andere hineinversetzen, stärken wir unsere Empathie.

In Verhandlungen lassen sich durch aktives Zuhören bessere Ergebnisse erzielen, da wir die Motive unseres Gegenübers besser verstehen und darauf eingehen können.

Viele Menschen sind heutzutage nicht mehr in der Lage, jemandem wirklich zuzuhören. Wir schweifen gedanklich ab oder beschäftigen uns schon mit unserer Antwort. Vor allem bei kontroversen Themen neigen wir zudem dazu, vor allem auf unsere eigenen Gefühle zu achten und uns nicht zu fragen, was gerade in unserem Gegenüber vorgeht. Daher möchten wir an dieser Stelle nochmals die wichtigsten Tipps für gutes Zuhören zusammenfassen:

- Überlegen Sie sich nicht schon während des Zuhörens Ihre Antwort.
- Nicken Sie ab zu sanft und halten Sie Blickkontakt.
- Warten Sie drei Sekunden, bevor Sie antworten.
- Stellen Sie Rückfragen wie: „Sie meinen also, dass ...?"
- Spielen Sie nicht mit Gegenständen herum.
- Versuchen Sie sich in Ihren Gesprächspartner hineinzuversetzen.

Aktives Zuhören verlangt die Fähigkeit, die Gefühle anderer wahrzunehmen. Die nachstehenden Übungen sollten Ihnen dabei helfen.

Übungen, um ein besserer Zuhörer zu werden

Übung 1: Überlegen Sie zu jeder der nachstehenden Aussagen die Gefühle, die Sie dahinter vermuten und fassen Sie diese in Worte:

„Ich bin doch hier nicht der Mülleimer für die emotionalen Befindlichkeiten der ganzen Abteilung."

„Mag schon sein, dass der Kunde König ist, aber beschimpfen brauche ich mich auch nicht lassen."

„Die neue Kollegin glaubt auch, sie ist etwas Besseres."

„Wieso bekomme ich immer die langweiligen Routineaufgaben?"

„Egal, was ich vorschlage, Sie wimmeln mich immer ab."

Übung 2: Trainieren Sie Ihre Fähigkeit, genau und konzentriert hinzuhören, indem Sie einem Musikstück lauschen und sich dabei nur auf ein Instrument konzentrieren.

Übung 3: Bitten Sie eine vertraute Person, mit Ihnen über ein emotionales Thema zu reden und zeichnen Sie das Gespräch mit dem Smartphone auf. Analysieren Sie das Gespräch hinterher. Wie hoch war Ihr Redeanteil? Wie viele Fragen haben Sie gestellt? Wo hätten Sie besser paraphrasieren bzw. verbalisieren können? Wo hätten Sie besser geschwiegen? Dadurch können Sie blinde Flecken in Ihrem Kommunikationsverhalten aufdecken.

 **Good to know**

> Aktives Zuhören umfasst drei Ebenen:
>
> Beziehungsebene: Signalisieren Sie durch Ihre Mimik, Gestik und „soziales Grunzen" („mhm", „aha", ...), dass Sie ganz Ohr sind.
>
> Inhaltsebene: Stellen Sie sicher, dass Sie die inhaltlichen Kernaussagen verstanden haben, indem Sie diese kurz paraphrasieren.
>
> Gefühlsebene: Verbalisieren Sie auch die Gefühle Ihres Gegenübers.

4.2 Umgang mit Konflikten

Konflikte können immer und überall entstehen, wo Menschen mit unterschiedlichen Meinungen und Bedürfnissen aufeinandertreffen, damit gehören sie zu unserem (Berufs-)Alltag. Sie sind zutiefst menschlich und als notwendige Übergangsstadien bei Entwicklungs- und Anpassungsprozessen kaum vermeidbar. Wer Konflikte als Chance für Veränderung betrachtet und konstruktiv mit ihnen umgehen kann, profitiert karrieretechnisch davon, denn Konfliktfähigkeit ist nicht nur bei Führungskräften gefragt.

Unter einem Konflikt versteht man die Kollision von unterschiedlichen und sich zumindest teilweise gegenseitig ausschließenden Interessen, Zielen, Bedürfnissen, Meinungen oder Werten. Die Ursachen von Konflikten sind vielfältig und miteinander vernetzt.

Grob lassen sich folgende Arten von Konflikten unterscheiden:

Bei klassischen Verteilungskonflikten geht es um die Aufteilung von Ressourcen, Aufgaben, Aufmerksamkeit, Verantwortung und dergleichen. Dabei kann es um den neuen PC, das schönere Büro, die Verteilung von Aufgaben und Verantwortung im Team oder die Aufmerksamkeit des Vorgesetzten gehen.

Zielkonflikte basieren darauf, dass Menschen in Unternehmen, Abteilungen und Teams unterschiedliche Ziele verfolgen. Führungskräfte finden sich oft im Spannungsfeld zwischen Vertrauen und Stärkung der Mitarbeiterkompetenz auf der einen Seite sowie notwendiger Steuerung und Kontrolle auf der anderen Seite. Ein anderes Beispiel für einen Zielkonflikt ist, wenn ein Mitarbeiter über einen längeren Zeitraum aufgrund privater Belastungen nicht die geforderte Leistung erbringt und dadurch die Gefahr entsteht, dass die restlichen Teammitglieder überlastet werden und rebellieren oder die vorgegebenen Ziele nicht erreicht werden.

Bei Beurteilungs- und Wahrnehmungskonflikten betreffen die unterschiedlichen Ansichten nicht das Ziel, sondern den Weg dorthin. Für die Führungskraft ist es beispielsweise wichtig, dass Vertriebsmitarbeiter Informationen aus ihren Kundenterminen in ein CRM-System eintragen, weil dadurch die Qualität der Kundenbetreuung steigt und Verkaufschancen besser genutzt werden können. Die Vertriebsmitarbeiter hingegen sehen die lästige Dateneingabe als Verschwendung ihrer Zeit und argumentieren, dass diese ihnen dann für die Kundenbetreuung fehlt.

Beziehungskonflikte entstehen, wenn die Chemie zwischen den Konfliktparteien nicht stimmt. Unterschiedliche

Temperamente oder Wertvorstellungen, aber auch Vorurteile können Ursachen dafür sein.

Rollenkonflikte resultieren aus unklaren Erwartungen oder nicht ausreichend definierten Kompetenzen. Vor allem, wenn Mitarbeiter eine neue Rolle ausüben und mit der Situation noch nicht vertraut sind, ist die Gefahr von Rollenkonflikten groß. Aber auch wenn ein Mitarbeiter eine Rolle ausfüllen möchte, ihm dazu aber die Ressourcen fehlen, bildet dieser Ressourcenmangel den Nährboden für Rollenkonflikte.

Egal, um welche Art von Konflikt es sich handelt, die Dynamik dahinter lässt sich immer auf ein gewisses Grundschema, den sogenannten Konfliktkreislauf zurückführen:

Der Ausgangspunkt dieses Konfliktkreislaufes sind wir Menschen mit unserer Eigenschaft, Entscheidungen in Wirklichkeit emotional zu treffen und diese Bauchentscheidungen im Nachhinein rational zu begründen. Tritt nun ein Problem auf – z. B. unterschiedliche Auffassungen über die Arbeitsverteilung im Team – wird dieses rationale Problem emotional mit den handelnden Personen vermischt. Das bedeutet, dass nicht nur rein sachlich über eine sinnvolle Verteilung der Aufgaben diskutiert wird, sondern die Beziehung der beteiligten Personen, ihre wechselseitigen Sympathien, Aversionen und Vorurteile zum Tragen kommen. Durch diese Vermischung von Problem und Personen bilden sich Positionen. Jeder vertritt seinen Standpunkt, es gibt nur ein Entweder-oder und die beteiligten Konfliktparteien werden zu Gegnern, deren unterschiedliche Interessen einander scheinbar unvereinbar gegenüberstehen.

Wie lässt sich dieser Konfliktkreislauf durchbrechen und in einen Lösungskreislauf überführen? Dazu müssen wir uns zunächst anschauen, wie ein derartiger Lösungskreislauf aussieht:

Auch hier beginnt der Kreislauf mit Personen, die emotionale Entscheidungen treffen und diese im Anschluss rational begründen. Dieses Verhalten ist zutiefst menschlich und mittlerweile durch zahlreiche Studien belegt. Der Unterschied liegt in der nächsten Stufe. Beim Lösungskreislauf werden Probleme und Personen nicht miteinander vermischt, indem man die Emotionen und die sachliche Problemlösung voneinander trennt. Dadurch wird es möglich, nicht über Standpunkte zu reden, sondern über die dahinterliegenden Interessen. Indem man gemeinsame Interessen findet, werden die Beteiligten nicht zu Gegnern, sondern suchen nach Alternativen, die die Interessen von beiden Seiten berücksichtigen. Indem die Konfliktparteien die Interessen analysieren und gemeinsam nach Lösungen suchen, kann ein für alle Beteiligten befriedigender Weg gefunden werden, der sowohl auf der Sach- als auch auf der Beziehungsebene vertretbar ist. Erfolgreiche Konfliktlösung bedarf somit einer Kombination aus logischer Analyse, Empathie und Kreativität.

Konflikte haben die Tendenz, sich aufzuschaukeln und zu verhärten. Je früher ein Konflikt erkannt wird, desto leichter lässt er sich lösen. Die wichtigste Regel im Umgang mit Konflikten lautet daher: Seien Sie wachsam und verschließen Sie Ihre Augen nicht vor Anzeichen, die auf einen schwelenden Konflikt hindeuten.

Konflikte wirken sich besonders auf die Kommunikation aus. Wenn Sie das Gefühl haben, dass nicht mehr offen und aufrichtig kommuniziert wird, Missverständnisse nicht sofort geklärt werden oder sogar bewusst Informationen zurückgehalten oder falsch weitergegeben werden, sollten Ihre Alarmglocken schrillen. Mit aufziehenden Konflikten verschiebt sich auch unsere Wahrnehmung. Der Fokus richtet sich auf Unterschiede und Trennendes, die Beteiligten unterstellen einander böse Absichten und Personen, die keine Position beziehen, werden zu potenziellen Gegnern. Als Folge davon steigen auch Aggressivität und Misstrauen, die Hilfsbereitschaft sinkt hingegen, wodurch auch eine sinnvolle Arbeitsteilung erschwert wird. Die Beteiligten werden zu Einzelkämpfern, machen alles allein und Arbeit bleibt liegen oder wird weniger effektiv erledigt. Die Stimmung ist gereizt, die Arbeitsmotivation sinkt und Gerüchte sowie Intrigen haben Hochsaison.

Aber was tun, wenn Sie als Führungskraft einen Konflikt in Ihrem Team bemerken oder Sie spüren, dass die Beziehung zwischen Ihnen und einem Kollegen durch Konfliktwolken getrübt ist? Konfliktfähigkeit bedeutet, als Beteiligter einen Streit konstruktiv auszutragen, ohne dabei persönlich zu werden bzw. als Führungskraft eine konstruktive Konfliktaustragung zwischen den Parteien zu moderieren. Wer konfliktfähig ist, schafft am Ende den Konflikt aus der Welt, ohne nachtragend zu sein. In diesem Sinne ist Konfliktfähigkeit auch gleichzeitig Konfliktbewältigung.

Der erste Schritt der Konfliktbewältigung besteht darin, den wahrgenommenen Konflikt offen anzusprechen. Leider haben viele Menschen Angst vor dieser notwendigen Konfrontation, Konflikte können jedoch nicht einfach weg ignoriert werden. Bei der Konfliktansprache sollten Sie wie folgt vorgehen:

Bitten Sie die beteiligte Person um ein Vier-Augen-Gespräch bzw. als Führungskraft um einen Termin mit den Konfliktparteien. Achten Sie darauf, dass alle Beteiligten ausreichend Zeit für dieses Gespräch mitbringen. Dabei geht es darum, zu eruieren, worum es bei diesem Konflikt im Kern geht, sprich welche Interessen dahinter liegen, und was zur Eskalation geführt hat sowie darum, die subjektiven Sichtweisen der Konfliktparteien zu verstehen.

Betrachten wir dazu ein Beispiel aus dem beruflichen Alltag. Eine Kollegin delegiert im Auftrag ihrer Chefin Arbeitsaufträge an einen Kollegen. Die Chefin empfindet diese Vorgehensweise als effektiver, da sie die Kollegin öfter sieht als den Kollegen. Dieser ist jedoch der Meinung, dass er sich von seiner Kollegin nichts sagen lassen muss und ignoriert ihre Arbeitsaufträge. Die Kollegin fürchtet, dafür von ihrer Chefin kritisiert zu werden und beschließt, das Thema anzusprechen. Sie konfrontiert ihren Kollegen mit folgendem Vorwurf: „Immer ignorierst du die Arbeitsaufträge, die ich dir im Namen der Chefin weitergebe. Ich habe es satt, dass du an meiner Kompetenz zweifelst und mich nicht akzeptierst, weil du dich für etwas Besseres hältst. Noch dazu fällt das dann auf mich zurück." Aus dem Kapitel „Konstruktive Kritik äußern" wissen wir bereits, dass wir mit Vorwürfen und Du-Botschaften nur wenig erreichen. Die Kollegin tappt auch in die typische Falle, das Problem mit den Personen bzw. Emotionen zu vermischen. In diesem Fall dürften sich die Fronten eher verhärten.

Wenn Sie einen Konflikt ansprechen, sollten Sie das nach folgendem Muster tun: Beginnen Sie mit Ihrer sachlichen Beobachtung und beschreiben Sie das Verhalten der anderen Partei. Danach beschreiben Sie Ihre Gefühle und äußern Ihre Bedürfnisse. Das erfordert, dass Sie sich vor dem Konfliktgespräch im Klaren darüber sind, was Sie erreichen wollen. Formulieren Sie abschließend in Form einer Bitte, was Sie sich von der anderen Partei wünschen.

Die Kollegin aus unserem Beispiel hat überlegt, dass es ihr Ziel ist, mit dem Kollegen klare Spielregeln zu finden, die für beide Seiten von Vorteil sind. Sie bittet um ein Gespräch und vereinbart einen Termin. Das Konfliktgespräch könnte folgendermaßen aussehen:

Kollegin: „Danke, dass Sie sich für das Gespräch Zeit nehmen."

Kollege: „Worum geht es? Kommen Sie zum Punkt, ICH habe viel zu tun."

Die Kollegin ignoriert den versteckten Angriff und fährt fort: „Die Chefin möchte, dass ich Arbeiten in ihrem Auftrag an Sie weiter delegiere. Mir ist es wichtig, dass diese dann termingerecht wieder auf ihrem Tisch landen, denn ich möchte nicht, dass sie unsere Zusammenarbeit schlecht bewertet. Es ärgert mich auch, wenn ich zu Ihnen kommen und nachfragen muss, da ich dann selbst unter Druck gerate. Ich wünsche mir daher, dass wir unsere Arbeitsorganisation verbessern."

Kollege: „Also ich bin mit MEINER Arbeitsorganisation zufrieden. Ihre Arbeitseinteilung ist Ihr Problem."

Die Kollegin ignoriert auch diesen Angriff und entscheidet sich für die Rückfrage-Taktik, wie wir sie im Kapitel „Schlagfertigkeit beweisen" kennengelernt haben: „Da ich mit Ihnen gut zusammenarbeiten möchte, bin ich dankbar für Feedback, was ich an meiner Arbeitsorganisation verbessern kann. Wo sehen Sie Verbesserungspotenzial?"

Kollege: „Wenn Sie eine Aufgabe an mich delegieren, weiß ich nie genau, was ich machen muss, bis wann und wie die Chefin es haben möchte."

Kollegin: „Dieses Feedback nehme ich gerne an. In Zukunft werde ich darauf achten, Ihnen genauere Informationen zu geben. Bitte fragen Sie auch nach, sollte ich etwas für Sie Wesentliches auslassen. Ist das für Sie ein gangbarer Weg?"

Kollege: „Ja. Aber mich ärgert auch, dass die Chefin nie mit mir abklärt, ob ich das überhaupt schaffen kann."

Kollegin: „Das heißt, Sie hätten gerne, dass die Chefin Sie vorher fragt, ob Sie noch Kapazitäten frei haben?"

Kollege: „Ja. Sie soll kommen und mich fragen."

Kollegin: „Ich bin skeptisch, dass das so funktionieren wird. Was halten Sie davon, wenn Sie mir diesbezüglich Rückmeldung geben und ich sage der Chefin dann, bis wann Sie die Aufgabe schaffen können."

Kollege: „Das gefällt mir nicht. Dann stehen Sie bei der Chefin und sagen ihr, dass ich es nicht schaffe, eine Aufgabe bis zum gewünschten Termin zu erledigen."

Kollegin: „Ich verstehe, diese Lösung ist für Sie nicht praktikabel. Was wäre Ihr Vorschlag?"

Kollege: „Wenn Sie mit einem Arbeitsauftrag zu mir kommen, sage ich Ihnen, ob es geht oder nicht. Wenn ich es nicht schaffe, können Sie der Chefin rückmelden, dass ich diesbezüglich selbst auf sie zukomme."

Kollegin: „Das passt gut für mich, denn dann weiß die Chefin, dass ich den Auftrag weitergeleitet habe und Sie persönlich mit ihr sprechen möchten. Und ich weiß, dass ich nicht bei Ihnen rückfragen muss. Danke, dass wir das klären konnten."

In diesem Fall hat die Kollegin die Struktur Beobachtung – Gefühl – Bedürfnisse – Bitte erfolgreich angewandt, Schuldzuweisungen vermieden und ihre Bereitschaft demonstriert, gemeinsam nach gangbaren Alternativen zu suchen. Zudem hat sie es geschafft, die Bewertung der Zusammenarbeit zwischen ihr und dem Kollegen durch die Chefin sowie die Verbesserung der Arbeitsabläufe als gemeinsames Interesse in den Mittelpunkt zu stellen.

Selbstverständlich hätte auch die Chefin der beiden ein Konfliktgespräch initiieren und dieses wie folgt einleiten können: „Die letzten drei Arbeitsaufträge, die ich Frau X gebeten habe an Herrn Y zu delegieren, sind nicht termingerecht erledigt worden (Beobachtung). Das ärgert mich (Gefühl), denn ich möchte mich auf die Erledigung zum vereinbarten Zeitpunkt verlassen können (Bedürfnis), da eine Verspätung meinen Terminplan durcheinanderbringt und ich dann unter Druck gerate. Mir ist es daher ein Anliegen, mit Ihnen beiden zu analysieren, wo die Gründe dafür liegen und zu besprechen, was wir künftig alle drei dazu tun können, damit die Delegation reibungslos und verlässlich funktioniert. Bitte schildern Sie mir Ihre Sichtweisen, wo das Problem liegt (Bitte)."

Durch die Formulierung „was wir künftig alle drei dazu tun können" schließt die Chefin auch ihre Verantwortung als Beteiligte nicht aus. Im Gespräch ist es wichtig, dass Sie Fragen stellt, die ihr helfen, der Konfliktursache auf den Grund zu gehen, Bedürfnisse zu erkennen und die Entwicklung von Lösungsalternativen anzuregen. Beispiele dafür sind:

- „Was glauben Sie, ist der Grund dafür, dass ...?"
- „Was genau ist dabei für Sie wichtig?"

- „Wie würden Sie sich an Stelle von X fühlen?"
- „Wie könnte ein ideales Ergebnis ausschauen?"
- „Wie können wir sicherstellen, dass ...?"

Wichtig ist, zu erkennen, dass ein Konflikt kein nachhaltiges Problem darstellen muss. Konfliktscheue Menschen haben oft Angst, Beziehungen durch eine offene Konfrontation weiter zu verschlechtern. Wird das Konfliktgespräch jedoch konstruktiv geführt, ist genau das Gegenteil der Fall. An dieser Stelle wollen wir die wichtigsten Voraussetzungen für eine konstruktive Konfliktbewältigung nochmals zusammenfassen:

Bereiten Sie sich auf das Konfliktgespräch vor, überlegen Sie Ihre Ziele, formulieren Sie Ihre sachliche Beobachtung und überlegen Sie etwaige Lösungsvorschläge.

Bleiben Sie konstruktiv, lassen Sie sich nicht provozieren und achten Sie darauf, Personen und Probleme klar zu trennen.

Formulieren Sie in Ich-Botschaften und setzen Sie Fragen ein, die Ihnen helfen, die Hintergründe und Bedürfnisse Ihres Gegenübers zu verstehen und die zum Nachdenken sowie zur Suche von Lösungsmöglichkeiten anregen.

Freundlichkeit und Sachlichkeit fördern eine konstruktive Konfliktbewältigung. Das erfordert mitunter Selbstbeherrschung und vor allem, dass Sie sich in die Lage Ihres Gegenübers versetzen können. Versuchen Sie daher immer, den Standpunkt und die Sichtweise der anderen Partei nachzuvollziehen.

 **Good to know**

Sprechen Sie Konflikte nach folgendem Muster an:
Beobachtung
Gefühl
Bedürfnisse
Bitte

4.3 Small Talk und Beziehungsaufbau

Die Wichtigkeit der Beziehungsebene für eine gelungene Kommunikation haben wir bereits an mehreren Stellen beleuchtet. In dieser Hinsicht ist Small Talk, sofern er effektiv eingesetzt wird, weit mehr als belanglose Konversation und kann einiges dazu beitragen, die Beziehung zwischen den Gesprächspartnern zu stärken. Im Geschäftsleben wird zudem eine gewisse Fähigkeit erwartet, mit Kollegen, Vorgesetzten oder Geschäftspartnern ungezwungen plaudern zu können. Wer sich dabei als interessantes Gegenüber präsentiert, mit dem man gerne redet und in dessen Gesellschaft man sich wohlfühlt, sammelt wertvolle Pluspunkte. Auch Kunden kaufen lieber von Menschen, die sie sympathisch finden. Vertriebsmitarbeiter, die die Kunst des Small Talks beherrschen, tun sich auch leichter, ihre Kunden zu überzeugen oder wertvolle Kontakte zu knüpfen. Vielen Menschen fällt es allerdings nicht gerade leicht, beim Small Talk den richtigen Ton zu treffen und einen passenden Gesprächsaufhänger zu finden.

Gerade Personen, die nicht vor Selbstvertrauen überschäumen, getrauen sich oft nicht, andere einfach anzusprechen und ein Gespräch zu beginnen. Sie halten sich selbst für nicht interessant oder wichtig genug und verharren daher in einer abwartenden Haltung bzw. bleiben diskret im Hintergrund. Diese Einstellung ist allerdings hinderlich, denn auch einem potenziellen Gesprächspartner fällt es vielleicht schwer, eine Unterhaltung zu beginnen. Machen Sie es anderen leicht und sagen Sie ein paar Worte. Auch wenn sie nicht darauf einsteigen wollen, fühlen sie sich wahrgenommen und damit wohl. Manche Menschen schweigen lieber, aus Angst davor, etwas Falsches oder Dummes zu sagen, anzuecken oder andere zu verletzen. Aber genau dieses Schweigen kann von anderen als Arroganz interpretiert werden, oder aber man stempelt Sie als jemand ab, der nichts zu sagen hat. Beides wäre für Ihre Karriere wenig hilfreich. Sie erinnern sich: Man kann nicht nicht kommunizieren.

Aber wie beginnt man am besten ein Gespräch? Am ungezwungensten wirkt es, wenn man einen aktuellen Anlass als Einstieg wählt. Nimmt man beispielsweise bei einer Veranstaltung Platz, ist es selbstverständlich, zu fragen, ob hier noch frei ist und sich kurz vorzustellen, sofern man die anderen Personen noch nicht kennt. Auch den Anlass der Zusammenkunft zum Thema zu machen, ist immer passend:

- „Kommen Sie auch aus der XY Branche?"
- Welchen Bezug haben Sie zum Thema X?"
- Interessieren Sie sich auch für Y?"

Bei einem Kundenbesuch empfiehlt es sich, die Augen offenzuhalten, um Aufhänger für eine ungezwungene Kommunikation zu finden. Was ist Ihnen am Firmengebäude aufgefallen? Wird renoviert oder angebaut? Ist das Kundenlogo besonders interessant? Auch Büros oder Besprechungszimmer liefern Gesprächsaufhänger. Welche Gegenstände stehen herum? Welche Fotos oder Bilder hängen an den Wänden? Daraus könnten sich beispielsweise folgende Einstiegsfragen ergeben:

- „Ich habe bemerkt, dass Sie zubauen. Vergrößert sich das Unternehmen?"

- „Was steckt dahinter, dass alle Ihre Besprechungsräume Pflanzennamen tragen?"

- „Ist das ein Prototyp der Bauteile, die Sie fertigen?"

- „Das ist ein schönes Landschaftsfoto. Wo ist das?"

- „Ich sehe eine Teilnahmemedaille von einem Lauf. Sind Sie eine begeisterte Läuferin?"

Damit ist das erste Eis gebrochen und die Basis für eine angenehme Plauderei gelegt. Anhand dieser Beispiele sehen wir bereits zwei wesentliche Fakten über gelungenen Small Talk: Er beginnt mit einer Frage und im Mittelpunkt stehen nicht Sie, sondern Ihr Gegenüber. Damit zeigen Sie Interesse und Menschen reden gerne über sich, ihr Unternehmen, ihre Hobbys und Interessen. Damit leisten Sie nicht nur einen Beitrag zur Beziehungsebene, Sie erfahren unter Umständen auch Wertvolles über Ihre Gesprächspartner. Auch wenn Wetter oder die Anreise als Gesprächseinstieg weit verbreitet sind, effektiv sind diese Themen nicht, denn das gemeinsame Stöhnen über die Hitze oder das anhaltende schlechte Wetter oder Jammern über die Verkehrssituation enthüllen wenig über die Persönlichkeit des anderen noch schaffen Sie eine positive Energie.

Welche Themen eignen sich eigentlich für Small Talk? Unverfängliche Themen, bei denen sich jeder gut einbringen kann, sind ideal. Dabei kommt es darauf an, den Kontext zu beachten. Auf der Betriebsfeier über russische Literatur zu reden ist verfehlt, da Sie nicht davon ausgehen können, dass das Thema für andere interessant ist bzw. diese etwas darüber wissen. Befinden Sie sich jedoch auf einer Lesung eines russischen Autors, ist das Thema selbstverständlich passend. Small Talk sollte sich zudem um positive Gesprächsinhalte drehen. Negative oder kontroverse Themen wie Klimakrise, Kriege, Politik, Krankheiten, umstrittene Gesellschaftsthemen oder Schwierigkeiten, in denen sich ein Unternehmen befindet, sind tabu. Bedenken Sie auch, dass Menschen, die sich negativ über den Vortrag, das Essen, den Veranstaltungsort oder dergleichen äußern, auch als negativ wahrgenommen werden. Guter Small Talk wahrt zudem immer die richtige Balance zwischen Interesse am Gegenüber und Persönlichem. Fragen zum beruflichen Werdegang sind somit passend, indiskrete Fragen über Verdienst, Beziehung und dergleichen sowie Klatsch und Tratsch hingegen nicht angebracht.

Eine interessante Studie hat Menschen nach einem Termin befragt, wie sie diesen bewerten. Interessant dabei ist, dass ein Termin oder Gespräch umso positiver bewertet wurde, je höher der eigene Redeanteil war. Das heißt, Sie dürfen beim Small Talk ruhig den anderen das Reden überlassen. Stellen Sie interessierte Fragen und hören Sie gut zu, das macht Sie für Ihr Gegenüber sympathisch, denn die meisten Menschen wünschen sich einen guten Zuhörer. Gerade für schüchterne Menschen ist das eine Erleichterung. Natürlich darf der Small Talk nicht zu einem Verhör ausarten. Sie sollen auch etwas über sich preisgeben und die Chance nutzen, einen positiven Eindruck zu hinterlassen. Versuchen

Sie Gemeinsamkeiten zu finden, damit sammeln Sie immer Pluspunkte.

Small Talk kann auch dazu genutzt werden, Ihrem Gesprächspartner zu signalisieren, dass sich hinter einer kurzen Bemerkung ein breiteres Wissen verbirgt. Nimmt das Gespräch Kurs auf ein Thema, bei dem Sie Experte sind, dürfen Sie das ruhig anklingen lassen. Anklingen, wohlgemerkt. Hüten Sie sich vor Besserwisserei, erhobenem Zeigefinger oder selbstverliebtem Dozieren, dadurch wirken Sie rasch unsympathisch. Charmanter Small Talk verliert niemals seine Leichtigkeit. Anstatt ins Detail zu gehen, zeigen Sie lieber in einem Satz, dass Sie auf diesem Gebiet bewandert sind, indem Sie beispielsweise sagen: „Ich habe mich mit dem Thema New Work eingehend beschäftigt und dabei vor allem den Aspekt der sinnstiftenden Funktion von Arbeit interessant gefunden." Bieten Sie dann an, das Thema bei Gelegenheit weiter zu vertiefen: „Wenn Sie sich auch dafür interessieren, würde ich mich freuen, unser Gespräch bei passender Gelegenheit fortzusetzen."

Befinden Sie sich hingegen auf einer Veranstaltung mit besonderem Schwerpunkt, zum Beispiel einem Fachkongress, ist Fachsimpeln hingegen erlaubt und sogar mitunter erwünscht, sofern das Thema zum Anlass oder Veranstaltungstermin passt. Achten Sie beim Small Talk jedoch immer auf Anzeichen von Desinteresse bei Ihrem Gesprächspartner. Einsilbigkeit, Abwenden oder ein Blick, der hilfesuchend durch den Raum schweift, sind Signale, die Unterhaltung höflich zu beenden.

Versuchen Sie, etwas über den Standpunkt Ihres Gesprächspartners herauszufinden, aber werten Sie dies nicht gleich. Vertritt dieser eine andere Meinung als Sie, empfiehlt es sich, genauer nachzufragen, statt gleich eine Gegenposition zu vertreten. Indem Sie stattdessen fragen: „Das ist ein interessanter Standpunkt. Würden Sie mir mehr über Ihre Gedanken dazu erzählen?", erfahren Sie weit mehr über Ihr Gegenüber.

Small Talk darf durchaus kurz sein. Aber wie lässt sich ein Gespräch charmant und höflich beenden? Am besten sagen Sie einfach: „Es war sehr nett, mit Ihnen zu plaudern. Ich sehe aber gerade einen Gast / Kunden / Mitarbeiter, den ich gerne noch begrüßen möchte. Vielleicht sehen wir uns ja später noch", oder „Es hat mich sehr gefreut, Sie kennenzulernen. Ich würde gerne noch mit Ihnen plaudern, aber ich sehe gerade Frau X, mit der ich etwas besprechen wollte. Entschuldigen Sie mich bitte."

An dieser Stelle nochmals die wichtigsten Tipps für gelungen Small Talk zusammengefasst:

- Wagen Sie den ersten Schritt.
- Es geht um leichte Unterhaltung, nicht um tiefgründige Gespräche.
- Ein Lächeln und eine offene Körpersprache schaffen eine positive Atmosphäre.
- Themen mit einem Bezug zur aktuellen Situation passen immer.
- Gehen Sie auf Ihr Gegenüber ein, hören Sie zu, zeigen Sie Interesse und suchen Sie nach Gemeinsamkeiten.
- Vermeiden Sie negative Themen und zu Persönliches.

Übungen für Ihre Small-Talk-Kompetenz:

Übung 1: Nutzen Sie bewusst Alltagssituationen, in denen Small Talk möglich ist. Wechseln Sie einige Worte mit der Kassiererin an der Supermarktkasse oder Ihrem Friseur. Auch beim Small Talk gilt: Übung macht den Meister.

Übung 2: Nehmen Sie sich bei der nächsten Firmenveranstaltung vor, mit einer Person, die Sie noch nicht näher kennen, ins Gespräch zu kommen. Überlegen Sie sich im Vorfeld einige Themen und Fragen an Ihr Gegenüber, die für den Anlass geeignet sind.

Übung 3: Beobachten Sie begabte Small Talker und lernen Sie von ihnen. Wie gehen diese Personen mit der Situation um? Welche Themen verwenden Sie? Was fällt Ihnen an deren Körpersprache auf?

 **Good to know**

Vermeiden Sie typische Small Talk-Fehler wie:
zu viel über sich selbst zu reden,
ohne Punkt und Komma zu reden,
über langweilige oder negative Themen zu reden,
nicht aufmerksam zuzuhören,
indiskret zu werden sowie
den Namen des Gegenübers zu vergessen.

4.4 Authentisch wirken

Authentisch zu wirken ist für den beruflichen Erfolg wichtig – und zwar nicht nur für Führungskräfte und Verkäufer. Doch was verbirgt sich hinter dem Begriff Authentizität?

Heutzutage wird das Substantiv Authentizität meistens mit „Echtheit" übersetzt. Gilt etwas als authentisch, wurde es gemäß dieser Definition für echt oder als Original befunden. Das gilt für Kunstgegenstände oder Dokumente genauso wie für Menschen. Bei Letzteren lässt sich das allerdings schwer überprüfen, weshalb wir Personen als authentisch bezeichnen, wenn wir das Gefühl haben, dass sich bei ihnen Reden, Körpersprache, Handeln, Gefühle und Denkweisen im Einklang befinden. Etymologisch leitet sich das Wort Authentizität vom Griechischen *authentikós* ab. Der Wortteil „autos" bedeutet selbst, der Wortteil „ontos" sein. Folglich lässt sich der Begriff Authentizität mit „man selbst zu sein" übersetzen.

Authentisch zu sein ist in unserer Zeit nahezu zu einem Postulat geworden. Darin liegt allerdings auch eine große Gefahr. Die meisten Menschen betrachten ihr aktuelles Sein als ihren wahren Wesenskern. Damit leugnen Sie jedoch die Entwicklungschancen, die in jeder Persönlichkeit liegen. Vielfach wird Authentizität als Ausrede für ein Verharren in der Komfortzone missbraucht, gerade von Menschen, die an einem Punkt angelangt sind, an dem eine Veränderung ihrer Verhaltens- oder Denkweisen angebracht wäre, die sich aber weigern, an sich zu arbeiten.

Wenn wir uns wünschen, dass Führungskräfte oder Mitarbeiter authentisch sind, meinen wir damit eigentlich, dass sie authentisch wirken sollen. Das ist ein großer Unterschied. Stellen wir uns dazu folgendes Szenario vor: Ein

Unternehmen befindet sich in der Krise. Die Weichen müssen neu gestellt werden, ein umfassender Change Prozess ist nötig, um den aktuellen Herausforderungen begegnen zu können. In der Belegschaft herrscht große Unsicherheit. Eine Führungskraft tritt vor ihr Team, um dieses über die bevorstehenden Veränderungen zu informieren und dafür ins Boot zu holen. Sie ist selbst stark verunsichert und macht sich Sorgen über ihre berufliche Zukunft. Authentisch sein würde bedeuten, dass sie dem Team ihre Ängste und Zweifel mitteilt. Ist das wirklich das, was sich die Mitarbeiter in dieser Situation wünschen? Würde die Führungskraft ihrem Team damit etwas Gutes tun? Würde sie ihrer Verantwortung als Führungskraft gerecht werden? Wohl kaum. Was die Mitarbeiter jetzt brauchen, ist Zuversicht, eine Leitfigur, die den sprichwörtlichen Fels in der Brandung verkörpert und dabei authentisch wirkt.

Bedeutet das, dass die Führungskraft aus unserem Beispiel gleich einem Tschakka rufenden Motivations-Guru übertriebenen Optimismus versprühen und die Lage rosarot färben muss? Nein, denn das wäre auch nicht authentisch. Anstatt ihre aktuelle Unsicherheit und die sie plagenden Ängste zu offenbaren, könnte sie beispielsweise folgende Worte wählen: „Auch ich hatte anfangs Zweifel und habe mir Sorgen um die Zukunft gemacht. Der neue Kurs, den wir beschlossen haben, einzuschlagen, stimmt mich jedoch zuversichtlich, denn er zeigt mir, dass wir in der Lage sind, auf die veränderten Marktbedingungen und die Herausforderungen unserer Zeit zu reagieren und die notwendigen Veränderungen vorzunehmen. Ich bin überzeugt, dass es uns damit gelingen wird, unser Unternehmen wieder auf Erfolgskurs zu bringen. Das wird von jedem von uns Anstrengungen erfordern, aber wenn wir diese gemeinsam anpacken, werden wir gestärkt aus dieser Krise hervorgehen."

Stellen wir uns weiter vor, dass die Führungskraft auf ihre nonverbalen Signale achtet und ihre Gedanken kurz vor und während ihrer Rede bewusst auf eine positive Zukunft richtet. Dadurch wird sie sich selbst optimistischer fühlen und die motivierenden Worte werden ihr zusätzlich Kraft sowie eine positive Ausstrahlung verleihen. Damit wirkt sie authentisch und ist in der Lage, ihren Mitarbeitern die Zuversicht zu vermitteln, die diese in der aktuellen Situation dringend benötigen.

Wann empfinden wir andere als authentisch? Studien zeigen, dass wir einen Kommunikationspartner meist dann als besonders vertrauens- und glaubwürdig einstufen, wenn er sich gemäß unseren Vorstellungen verhält. Passt er zudem geschickt seine Körpersprache und Wortwahl an unsere Erwartungen an, halten wir ihn für authentisch. Das bedeutet, dass wir jene als besonders sympathisch und echt einstufen, die ihre Rolle uns gegenüber perfekt spielen. Professionalität im Berufsleben bedeutet auch, überzeugend die Rolle auszufüllen, die in der jeweiligen Situation angebracht ist. Ein zu offener Umgang mit unseren Emotionen oder unserem Privatleben kann unserer Karriere schaden. Denken wir nur an die Führungskraft aus unserem Beispiel. In ihrer Rolle wird von ihr erwartet, dass sie ihrem Team Sicherheit und Zuversicht gibt. Ist sie nicht in der Lage, das überzeugend zu tun und ihre eigenen Zweifel hintanzustellen, ist sie für diese Aufgabe schlichtweg nicht geeignet.

Oder denken wir an eine Mitarbeiterin an der Beschwerdehotline, die einen schlechten Tag hat. Würde sie ihre Gefühle offen zum Ausdruck bringen, würde sie einem aufgebrachten Kunden möglicherweise sagen: „Wissen Sie was, ich habe echt einen schlimmen Tag. Mein Sohn ist krank und mein Mann hat gestern seine Kündigung bekommen. Keifen

Sie mich also gefälligst nicht an, eine verspätete Lieferung ist im Vergleich zu meinen Problemen ein Klacks." In diesem Fall wird der Kunde wohl kaum von ihrer Authentizität angetan sein.

Wir sind daher gefordert, eine gewisse berufliche Authentizität zu entwickeln, die zwar unserer Persönlichkeit, unseren Überzeugungen und unseren Werten entspricht, aber zugleich die im Berufsleben notwendige Professionalität zulässt. In dieser Hinsicht sind wir alle genötigt, etwas Schauzuspielen. Das Schöne dabei ist, dass wir nicht nur eindimensionale Wesen sind, sondern durchaus situationsbedingt in unterschiedliche Rollen schlüpfen und z. B. von der einfühlsamen Kollegin zur konsequenten Verhandlerin wechseln können. Wenn Sie allerdings das Gefühl haben, in Ihrer Position tagtäglich eine ungeliebte Rolle spielen und Ihre eigenen Moralvorstellungen verraten zu müssen, sollten Sie über einen Jobwechsel nachdenken. Sind Sie im Herz eine Umweltaktivistin, werden Sie bei einem Lebensmittelkonzern, der den Regenwald abholzt, wohl nicht glücklich werden. Können Sie die gelebten Werte Ihres Unternehmens jedoch weitestgehend vertreten, wird diese Art der reflektierten Authentizität hingegen förderlich für Ihr berufliches Fortkommen sowie Ihre persönliche Weiterentwicklung sein.

Selbstverständlich möchte niemand beruflich ständig Theater spielen, nur um erfolgreich zu sein. Niemand kann sich dauerhaft verstellen. Berufliche Authentizität schafft gekonnt den Spagat, Kernelemente der eigenen Persönlichkeit und Anforderungen und Erwartungen an unsere berufliche Rolle in Einklang zu bringen. Sie basiert auf folgenden Bausteinen:

Ein gesundes Selbstbewusstsein, das es uns auch erlaubt, kritisches Feedback offen zu akzeptieren.

Eine ausreichende Selbstreflexion und Kenntnis unserer Stärken, Schwächen und Motive, damit wir unser Handeln bewusst erleben und steuern können.

Eigene Überzeugungen und Werte sowie die Konsequenz, nach diesen zu handeln, Prioritäten zu setzen und, falls nötig, auch Grenzen zu ziehen.

Berechenbarkeit und Verlässlichkeit, damit Sie Ihrer Umgebung Sicherheit geben und Vertrauen aufbauen.

Karriereförderliche Authentizität könnte man als das gelungene Zusammenspiel aus Inszenierung der eigenen Persönlichkeit und Anpassung an das Unternehmen und die berufliche Rolle beschreiben. Dabei sollte man sich folgende Fragen stellen:

- Welche Verantwortung bringt meine momentane Rolle mit sich?
- Ist mein Verhalten in diesem Kontext sinnvoll?
- Welche Botschaften will ich meiner Umgebung vermitteln und was ist mir dabei wichtig?

Stellen wir uns dazu folgende Situation vor: Sie bekommen eine neue Kollegin und teilen sich mit ihr ein Büro. Während Sie eher zurückhaltend sind und Ruhe brauchen, um konzentriert arbeiten zu können, ist Ihre neue Zimmergenossin eine wahre Quasselstrippe, die Sie beständig an ihrem Leben teilhaben lässt. Das ist Ihnen unangenehm und stört Sie bei Ihrer Arbeit, andererseits wollen Sie die neue Kollegin nicht vor den Kopf stoßen und unfreundlich oder unzugänglich wirken. Als Ihr Gegenüber sagt: „Ich finde es schön, dass wir uns nebenbei so gut unterhalten können", können Sie ihr aus Höflichkeit zustimmen und Ihre Bedürfnisse hintanstellen oder authentisch Ihren Wunsch nach Ruhe zum Ausdruck bringen.

Anhand der zuvor genannten drei Fragen könnten Sie folgende Überlegungen anstellen: Von mir wird erwartet, dass ich meine Arbeit korrekt und termingerecht erledige und gut mit meiner Kollegin zusammenarbeite. Mein Ruhebedürfnis zu verleugnen, wäre nicht sinnvoll, da meine Arbeit darunter leidet und ich zudem von Tag zu Tag unzufriedener werde. Je länger ich das Dauergequassele akzeptiere, desto schwieriger wird es, das Thema anzusprechen. Ich möchte meine Kollegin aber auch nicht verletzten oder den Eindruck vermitteln, dass ich an ihr als Mensch nicht interessiert bin.

Entsprechend dieser Überlegungen könnten Sie Ihr Ruhebedürfnis folgendermaßen authentisch zum Ausdruck bringen: „Ich finde es auch schön, dass wir uns besser kennenlernen. Gleichzeitig bin ich jemand, der bei der Arbeit Ruhe braucht, um sich konzentrieren zu können. Da ich mit Zahlen zu tun habe und keine Fehler machen möchte, ist mir das sehr wichtig. Was hältst du davon, wenn wir uns in der Früh bewusst zehn Minuten zum Plaudern nehmen und hin und wieder gemeinsam Mittagspause machen, um uns besser kennenzulernen?"

Diese Kommunikation ist authentisch sowie professionell und ergibt ein stimmiges Gesamtbild. Dadurch erleichtern Sie es anderen, Sie einzuschätzen und beugen vermeidbaren Missverständnissen vor. Authentizität im Berufsleben bedeutet nicht, um jeden Preis die eigene Meinung durchzuboxen, sondern ermöglicht es erst, Kompromisse zu finden.

Damit Ihnen berufliche Authentizität leichter fällt, ist es sinnvoll, eine Liste mit Ihren wichtigsten Grundwerten zu erstellen und zu reflektieren, ob und wie Sie diese im Job konsequent vertreten und kommunizieren können.

 **Good to know**

Diese drei Merkmale kennzeichnen authentische Menschen:

Sie artikulieren ihre Bedürfnisse offen und ehrlich und minimieren dadurch von vornherein das Risiko von Missverständnissen.

Sie nehmen ihre eigenen Bedürfnisse ernst und geben ihnen Raum.

Sie akzeptieren sich selbst und ihre Mitmenschen so wie sie sind.

Schlusswort

Je geübter und kongruenter Sie in Ihrer verbalen und nonverbalen Ausdrucksweise sind, desto besser werden Sie Ihre Kommunikationsziele erreichen und desto erfolgreicher werden Sie beruflich sein. Der vorliegende Ratgeber bietet Ihnen eine vielseitige Werkzeugkiste für unterschiedliche Kommunikationssituationen im Berufsleben. Er soll Ihnen dabei helfen, Ihre Ausdrucksfähigkeit zu verbessern, Kommunikationsfallen und Missverständnisse zu vermeiden und die Beziehungsebene mit Ihren Gesprächspartnern zu stärken. Wer effektiv kommuniziert und sich klar ausdrücken kann, wird verstanden und gehört.

Sie haben vier Gesetze für die Verbesserung Ihrer Ausdrucksweise und damit eine souveräne und kompetente Wirkung kennengelernt. Im Kapitel über nonverbale Kommunikation haben wir uns damit beschäftigt, wie Stimme, Sprechweise, Körperhaltung, Mimik und Gestik unsere Wirkung beeinflussen sowie die Bedeutung dieser Faktoren für die Beziehungsebene betrachtet. Dabei haben wir auch festgestellt, dass unsere Körpersprache nicht nur unser Inneres widerspiegelt, sondern umkehrt auch Einfluss auf unsere Gefühle nehmen kann. Souveränität in unserer nonverbalen Kommunikation lässt uns nicht nur selbstbewusster und überzeugender wirken, sondern bewirkt auch, dass wir uns selbstsicherer fühlen.

Danach haben wir uns der Macht der Worte zugewandt und beleuchtet, wie wir durch eine bewusste Wortwahl Einfluss auf die Wirkung unserer Kommunikation und das Denken der Zuhörer nehmen können. Besonders für Führungskräfte, die Verantwortung für die Weiterentwicklung ihrer Mitarbeiter tragen, aber auch für eine positive Zusammenarbeit unter Kollegen, ist es wichtig, die Kunst der konstruktiven Kritik zu beherrschen sowie andere für die eigenen Visionen und Ideen begeistern zu können. Deshalb haben wir uns ausgiebig mit Feedbackregeln, der Macht von positiven Worten und der Erweiterung unseres Wortschatzes beschäftigt.

Wer im Berufsleben erfolgreich sein möchte, muss in der Lage sein, sich selbst und seine Ideen zu verkaufen. Im Zuge des dritten Gesetzes haben wir uns daher der Sprache der Überzeugung gewidmet und analysiert, wie Argumente kraftvoll und überzeugend formuliert und präsentiert werden können. Da Überzeugung auf der Sachebene nicht ausreichend ist, haben wir uns darüber hinaus der Frage gewidmet, was es braucht, um Zuhörer in den Bann zu ziehen sowie charismatisch zu wirken und wie man den eigenen Einfluss zur Festigung seiner Position nutzen kann. In diesem Zusammenhang haben wir festgestellt, wie wichtig Verständlichkeit und Prägnanz für eine gelungene Kommunikation sind.

Da Kommunikation immer ein soziales Unterfangen ist, haben wir abschließend der Beziehungsebene besondere Aufmerksamkeit geschenkt und herausgefunden, wie wir diese durch die Kunst des richtigen Zuhörens, aber auch durch Kompetenz im Umgang mit Konflikten, gezielten Small Talk und eine authentische Wirkung verbessern können.

Wenn Sie die behandelten vier Gesetzte für eine gelungene Ausdrucksweise beherzigen, werden Sie feststellen, dass Sie Ihre Kommunikationsziele besser erreichen, sich Ihre Beziehung zu Vorgesetzten, Kolleginnen, Kunden oder Geschäftspartnerinnen verbessert und Sie als souveräner und kompetenter wahrgenommen werden. Die zahlreichen Übungen in diesem Ratgeber sollen Sie dabei unterstützen, Ihre Ausdrucksweise zu verbessern.

Wir wünschen Ihnen beim Abenteuer Kommunikation viel Erfolg und Spaß!

Quellen und weiterführende Literatur

Ahrens C. und L., Leadership – Sprache – Zehn Gebote für ausdrucksstarke und überzeugende Kommunikation, Wiesbaden 2015

Ammon I., Die Macht der Stimme: Persönlichkeit durch Klang, Volumen und Dynamik, München 2000

Matschnig M., Körpersprache im Beruf, München 2012

Molcho S., Körpersprache als Dialog, München 1988

Preuß-Scheuerle B., Praxishandbuch Kommunikation, Wiesbaden 2016

Spisak M., Della Picca M., Führungsfaktor Psychologie, Berlin Heidelberg, 2017

Watzlwick P., Beavin, J., Jackson D., Menschliche Kommunikation: Formen, Störungen, Paradoxien, Bern 2011

Impressum

Der Autor wird vertreten durch: Eda & Gökhan Gürsoy

Anschrift: Bgm.-Wohlfarth-Str. 1, 86343 Königsbrunn

Covergestaltung und -konzept: Casandra Krammer
Coverbild: Casandra Krammer
Lektorat: Tina Müller
Formatierung: Baladesginer

Jahr der Veröffentlichung: 2021

Verantwortlich für den Druck: Amazon Distribution GmbH, Leipzig

ISBN: 978-3-949726-00-2

Haftungsausschluss

Dieses Buch enthält Meinungen und Ideen des Autors und hat die Absicht, Menschen hilfreiches und informatives Wissen zu vermitteln. Die enthaltenen Strategien passen möglicherweise nicht zu jedem Leser, und es gibt keine Garantie dafür, dass sie auch wirklich bei jedem funktionieren. Die Benutzung dieses Buchs und die Umsetzung der darin enthaltenden Informationen erfolgt ausdrücklich auf eigenes Risiko. Haftungsansprüche gegen den Autor für Schäden materieller oder ideeller Art, die durch die Nutzung oder Nichtnutzung der Informationen bzw. durch die Nutzung fehlerhafter und/oder unvollständiger Informationen verursacht wurden, sind ausdrücklich ausgeschlossen. Das Werk, inklusive aller Inhalte, gewährt keine Garantie oder Gewähr für Aktualität, Korrektheit, Vollständigkeit und Qualität der bereitgestellten Informationen. Druckfehler und Fehlinformationen können nicht vollständig ausgeschlossen werden.

Eine Bitte vom Autor

Vielen Dank für den Kauf unseres Ratgebers! Wir hoffen, dass Ihnen dieser Ratgeber gefallen hat. Kundenzufriedenheit ist uns extrem wichtig und wir freuen uns, wenn Sie uns Ihre Eindrücke und Ihr Feedback mitteilen können.

Es wäre toll, wenn Sie sich kurz Zeit nehmen, um eine Bewertung zu schreiben. Denn damit helfen Sie auch anderen Lesern.

Sie haben ein Anliegen und möchten uns direkt kontaktieren? Dann schreiben Sie uns gerne direkt eine E-Mail an info@change-verlag.de.

Printed in Poland
by Amazon Fulfillment
Poland Sp. z o.o., Wrocław

84976953R00094